어떤 문제도 해결하는
사고력 수학 문제집

박학다식 문해력 수학

초등 4년

2단계

비아에듀
ViaEducation

사고력+문해력 융합
수학 학습 프로그램

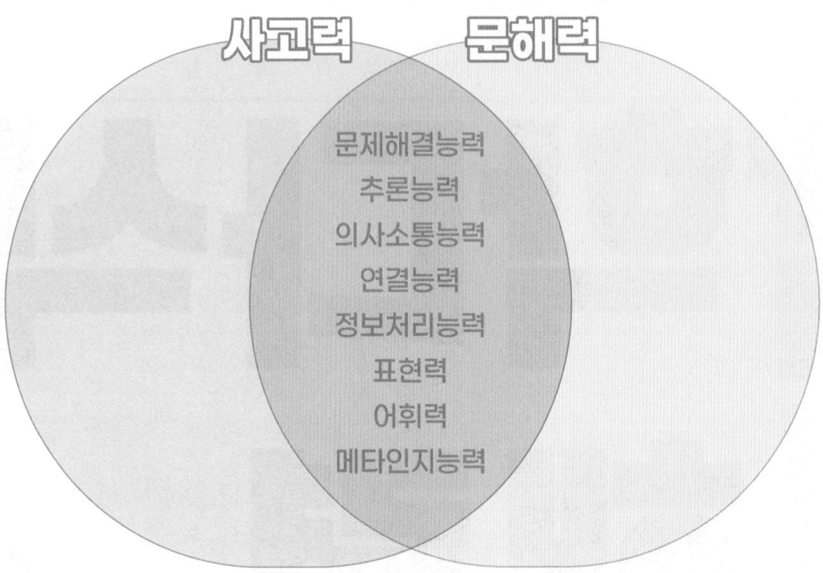

발행처 비아에듀 | 지은이 최수일·문해력수학연구팀 | 발행인 한상준 | 초판 1쇄 발행일 2023년 7월 21일
편집 김민정·강탁준·최정휴·손지원 | 기획 자문 박일(수학체험연구소장) | 삽화 김영화·이소영 | 디자인 조경규·김경희·이우현
주소 서울시 마포구 월드컵북로6길 87 | 전화 02-334-6123 | 홈페이지 viabook.kr

문해력이 수학 실력을 좌우합니다

지능 검사는 5개 영역에서 이루어집니다. 어휘적용, 언어추리, 산수추리, 수열추리, 도형추리입니다. 이 중에서 수학 실력과 가장 밀접한 상관관계를 갖는 영역은 무엇일까요? 많은 연구 결과, 수학과 직접적인 관계가 있는 산수추리나 수열추리, 도형추리보다 어휘적용과 언어추리가 수학 실력과의 상관관계가 더 높은 것으로 나타났습니다. '어휘적용'과 '언어추리'가 무엇일까요? 바로 문해력입니다. 문해력이 수학 실력을 좌우합니다.

문해력은 무엇일까요? 문해력은 글을 읽고 의미를 파악하고 이해하는 능력뿐만 아니라 중요한 정보나 사실을 찾고 연결하는 능력이며, 실생활에서 맞닥뜨리는 상황을 이해하고 해결하는 능력입니다. 이는 수학에서 요구하는 역량과도 맞닿아 있습니다. 2024년부터 적용되는 새로운 수학 교육과정은 문제해결, 추론, 의사소통, 연결, 정보처리의 5대 교과 역량을 기반으로 구성됩니다. 또한, 최근 세계적으로 우수한 인재를 위한 교육 프로그램으로 인정받고 있는 IB(International Baccalaureate) 프로그램에서도 사고력을 키워주는 역량 중심의 교육과정을 지향하고 있습니다. 초등수학 IB 프로그램은 위에서 언급한 역량을 키우기 위해 서술형, 논술형 문제를 통해 설명하기(프리젠테이션)와 글쓰기 공부를 강조하고 있습니다.

지식과 정보가 폭발적으로 증가하는 사회에 능동적으로 대응할 수 있는 역량을 갖추는 공부가 절실히 필요한 때입니다. 수학 개념을 정확하고 논리적으로 설명할 줄 아는 공부야말로 미래를 준비하고, 대처할 수 있는 능력을 키워 줄 수 있습니다. 『박학다식 문해력 수학』은 수학 교육과정에서 요구하는 5대 역량과 '설명하기'를 통해 학생이 개념을 충분히 인지하였는지를 알 수 있는 메타인지능력, 그리고 문해력을 동시에 키울 수 있는 교재입니다.

이 책과 함께 성장하는 여러분의 미래를 응원합니다.

박학다식 문해력 수학 사용설명서

step 1

내비게이션

교과서의 교육과정과
학습 주제를 확인해 보세요.
문제에 집중하다 보면
길을 잃기도 하거든요.
내가 공부하고 있는 위치를
확인하는 습관을 지녀보세요.

13 사각형 · 수직

만화

만화는 뒤에 나오는
'수학 문해력'과 연결이 돼요. 만화를 보며 해당 학습 주제에 대해 상상해 보세요.
그리고 이 주제를 '왜' 배워야 하는지 생각해 보세요.

30초 개념

수학은 '뜻(정의)'과 '성질'이
중요한 과목입니다.
꼭 알아야 할 핵심만
정리해 한눈에 개념을
이해할 수 있어요.

step 1 30초 개념

- 두 직선이 만나서 이루는 각이 직각일 때, 두 직선은 서로 수직이라고 합니다.
- 두 직선이 서로 수직으로 만나면 한 직선을 다른 직선에 대한 수선이라고 합니다.

개념연결

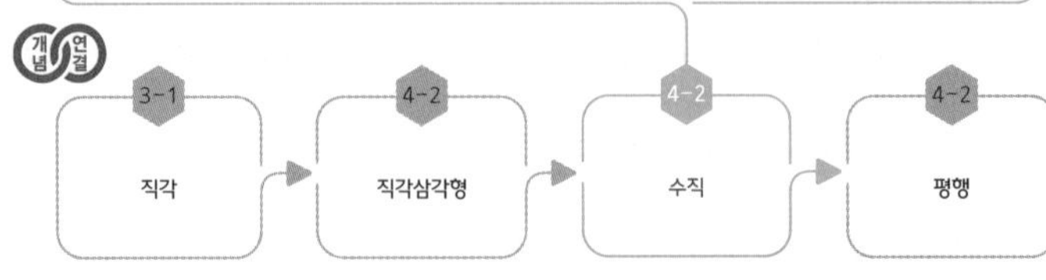

수학의 개념은 전 학년에 걸쳐
모두 연결되어 있어요. 지금
배우는 개념이 이해가 되지
않는다면 이전 개념으로 돌아가
다시 확인해 보세요. 그리고 다음에는 어떤 개념으로 연결되는지도 꼭 확인하세요.

step 2

매일 한 주제씩 꾸준히 공부하는 습관을 키워 보세요.
'빨리'보다는 '정확하게' 학습 내용을 이해하는 것이 중요합니다.

step 2 설명하기

질문 ❶ 삼각자를 사용하여 다음 직선에 대한 수선을 긋고, 그 방법을 설명해 보세요.

설명하기 ① 삼각자에서 직각을 낀 변 중 한 변을 주어진 직선에 맞춥니다.
② 직각을 낀 다른 한 변을 따라 선을 긋습니다.
③ 이때 두 직선이 서로 수직으로 만나므로 새로 그은 선은 주어진 직선에 대한 수선입니다.

설명하기

'30초 개념'을 질문과 설명의 형식으로 쉽고 자세하게 풀어놨어요.

…도기를 사용하여 다음 직선에 대한 수선을 긋고, 그 방법을 설명해 보세요.

설명하기 ① 주어진 직선 위에 한 점 ㄱ을 표시합니다.
② 각도기의 중심을 점 ㄱ에 맞추고 각도기의 밑금을 주어진 직선에 맞춥니다.
③ 각도기에서 90°가 되는 눈금 위에 점 ㄴ을 찍습니다.
④ 점 ㄴ과 점 ㄱ을 직선으로 잇습니다.
⑤ 이때 생기는 각이 90°이므로 주어진 직선과 직선 ㄱㄴ은 서로 수직입니다.

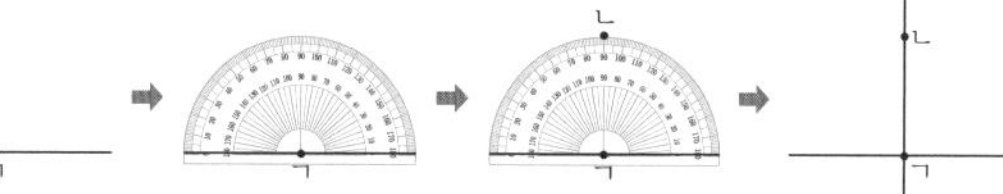

- 이렇게 공부해 보세요!
1. 무엇을 묻는 질문인지 이해한다.
2. '설명하기'를 소리 내어 읽는다.
3. 친구에게 설명한다.
4. 손으로 직접 써서 정리한다.

이 과정을 거치게 되면 초등수학의 모든 개념을 정복할 수 있어요.

step 3-4

step 3 개념 연결 문제

1 두 직선이 만나서 이루는 각이 직각인 곳을 모두 찾아 ⊾ 로 표시해 보세요.

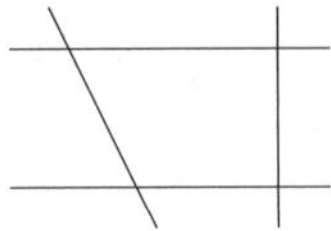

2 직선 가에 대한 수선을 찾아 기호를 써 보세요.

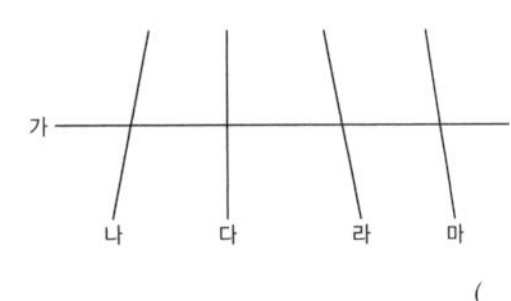

(　　　　　)

3 삼각자를 사용하여 직선 가에 대한 수선을 바르게 그은 것을 찾아 ○표 해 보세요.

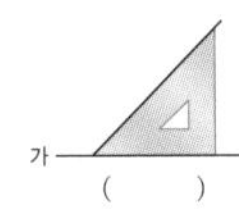

(　　)

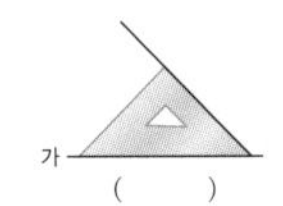

(　　)

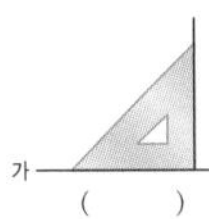

(　　)

4 선분에 대한 수선을 그려 보세요.

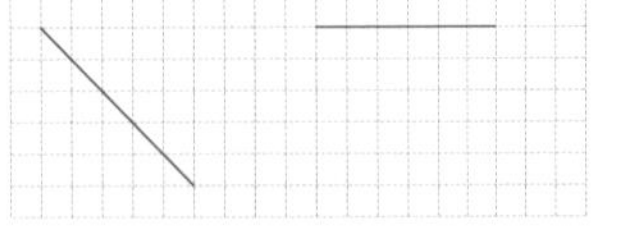

개념 연결 문제

앞에서 다루었던 개념과
그 성질이 들어 있는 문제들입니다.
문제를 많이 푸는 것보다 개념을 묻는
문제를 푸는 것이 중요해요.
어떤 문제를 만나도 풀 수 있다는
자신감을 가지게 될 거예요.

5 서로 수직인 변이 있는 도형을 모두 찾아 기호를 써 보세요.

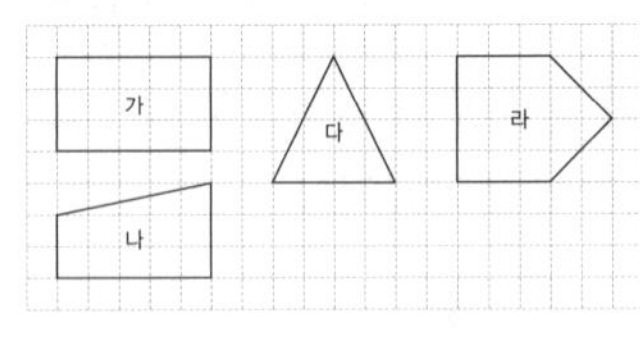

(　　　　　)

6 직선 가에 대한 수선을 몇 개 그을 수 있을까요?

가

(　　　　　)

도전 문제

문장제 문제와
사고력과 추론이 필요한
심화 문제예요.
배운 개념을 토대로
꼼꼼히 생각해 보세요.
개념이 연결되는 문제이기 때문에
충분히 해결할 수 있어요.

도전 문제

7 직선 가에 대한 수선이 직선 나일 때 ㉠은 몇 도일까요?

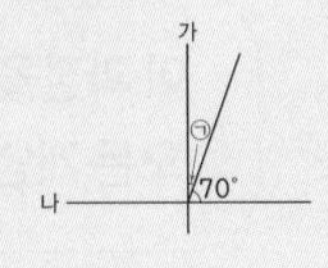

(　　　　　)

8 다음 도형에서 변 ㄷㄹ에 대한 수선을 모두 써 보세요.

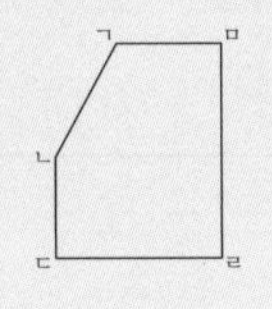

(　　　　　)

step 5

수학 문해력 기르기

설명문, 논설문, 신문 기사,
동화, 만화 등 다양한 분야의
읽을거리를 읽어 보세요.
긴 문장을 읽고 문제의 핵심을
파악하는 능력을 기를 수 있어요.

step 5 수학 문해력 기르기

건축 속 수학

수직을 잘 맞추어 지으면 이렇게 아름다운 신전이 되는 거지.

* 수평기: 면이 평평한가 아닌가를 재거나 기울기를 조사하는 데 쓰는 기구
* 신전: 신을 모시고 예배를 보기 위해 세운 건물

1 수평기는 무엇을 확인하기 위해 사용하는 도구인가요?

2 두 사람은 어떤 건물을 짓는 방법에 대해 이야기하고 있나요? (   )

① 신전 ② 빌딩 ③ 교회 ④ 성당 ⑤ 사원

3 글을 읽고 □ 안에 알맞은 말을 써넣으세요.

건물을 안전하게 지으려면 □□을 잘 맞추어야 한다.

4 두 사람이 이야기한 건물에서 수직을 이루어야 하는 부분은 어디와 어디인가요?

(   )

5 다음 건물에서 주어진 직선에 대한 수선을 찾아 표시해 보세요.

읽을거리 안에는 앞서 배운
개념을 묻는 문제가 있어요.
문제를 푸는 과정에서
어휘력과 독해력을 키우고,
읽을거리에 담겨 있는 지식과
정보도 얻을 수 있답니다.
수학 개념과 읽기 능력,
두 마리 토끼를 잡아 보세요.

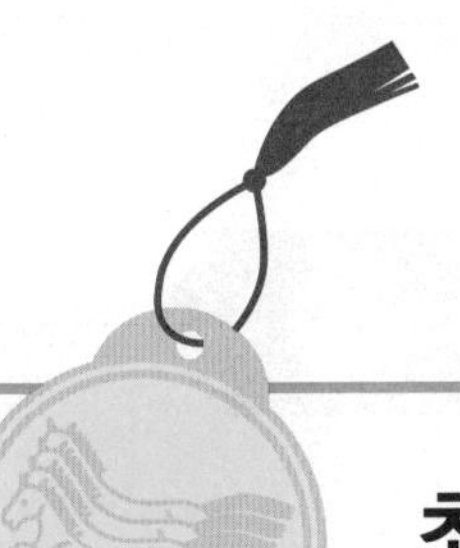

빡학다식 문해력 수학 초등 4-2단계

1단원 | 분수의 덧셈과 뺄셈

2단원 | 삼각형

3단원 | 소수의 덧셈과 뺄셈

4단원 | 사각형

5단원 | 꺾은선그래프

6단원 | 다각형

01 분수의 덧셈과 뺄셈

진분수의 덧셈

올해는 전체의 $\frac{1}{4}$만큼 완성하고 내년에는 전체의 $\frac{2}{4}$만큼 완성해야겠군.

그럼 내년까지 얼마만큼 완성한다는 거지?

step 1 30초 개념

• 단위분수의 개수를 이용하여 두 진분수의 덧셈을 할 수 있습니다.

$$\frac{1}{4}+\frac{2}{4}=\frac{1+2}{4}=\frac{3}{4}$$

($\frac{1}{4}$이 1개, $\frac{1}{4}$이 2개, $\frac{1}{4}$이 3개)

단위분수 $\frac{1}{4}$은 전체를 4개로 똑같이 나눈 것 중 하나입니다.

$\frac{1}{4}+\frac{2}{4}$에서 $\frac{1}{4}$은 단위분수 $\frac{1}{4}$이 1개, $\frac{2}{4}$는 단위분수 $\frac{1}{4}$이 2개이므로 $\frac{1}{4}+\frac{2}{4}$는 단위분수 $\frac{1}{4}$이 3개인 $\frac{3}{4}$이 됩니다.

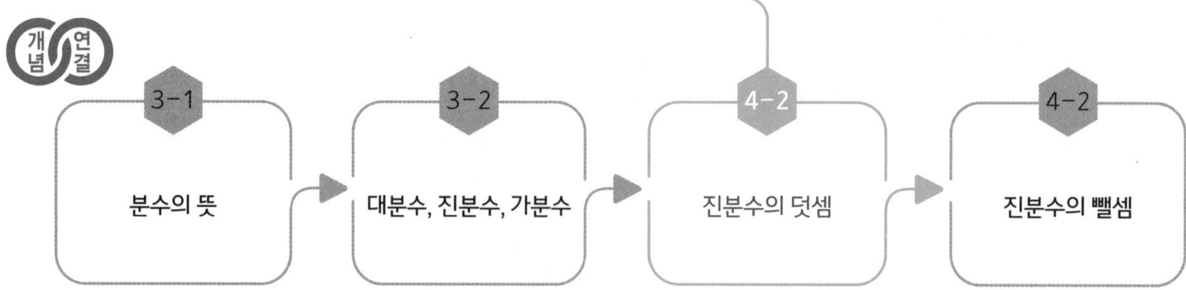

step 2 설명하기

질문 ❶ 수직선을 이용하여 $\frac{3}{5}+\frac{4}{5}$를 계산하고 그 방법을 설명해 보세요.

설명하기 $\frac{3}{5}+\frac{4}{5}$를 수직선에 나타낼 때, $\frac{3}{5}$에 이어 $\frac{4}{5}$만큼 표시합니다.

그러므로 $\frac{3}{5}+\frac{4}{5}=\frac{3+4}{5}=\frac{7}{5}=1\frac{2}{5}$입니다.

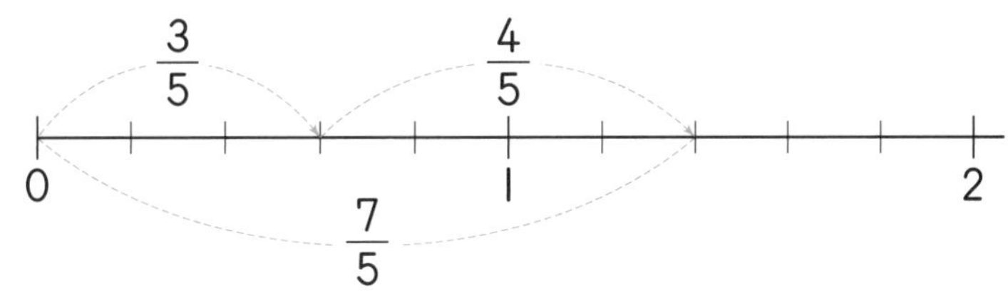

질문 ❷ 더해서 $\frac{7}{8}$이 되는 분모가 8인 두 진분수를 모두 찾아보세요.

설명하기 분모가 8인 진분수는 $\frac{1}{8}$, $\frac{2}{8}$, $\frac{3}{8}$, ……, $\frac{7}{8}$입니다.

이 중 두 진분수를 더해서 $\frac{7}{8}$이 되는 것은 다음과 같이 6가지입니다.

$\frac{1}{8}+\frac{6}{8}$, $\frac{2}{8}+\frac{5}{8}$, $\frac{3}{8}+\frac{4}{8}$,

$\frac{4}{8}+\frac{3}{8}$, $\frac{5}{8}+\frac{2}{8}$, $\frac{6}{8}+\frac{1}{8}$

1 $\frac{1}{5}+\frac{3}{5}$만큼 색칠하고, □ 안에 알맞은 수를 써넣으세요.

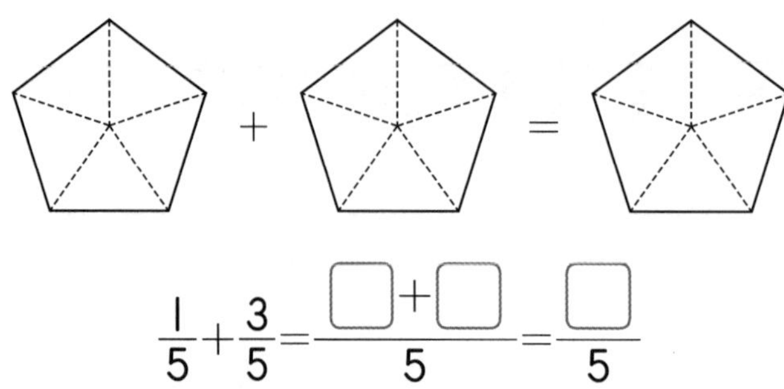

$\frac{1}{5}+\frac{3}{5}=\frac{\square+\square}{5}=\frac{\square}{5}$

2 그림에 알맞게 색칠하고, □ 안에 알맞은 수를 써넣으세요.

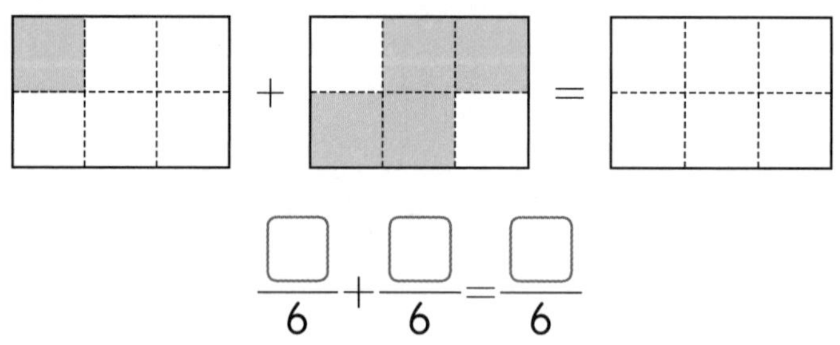

$\frac{\square}{6}+\frac{\square}{6}=\frac{\square}{6}$

3 □ 안에 알맞은 수를 써넣으세요.

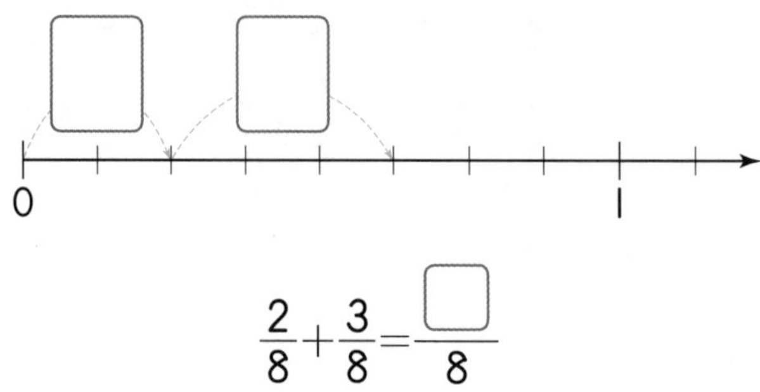

$\frac{2}{8}+\frac{3}{8}=\frac{\square}{8}$

4 □ 안에 알맞은 수를 써넣으세요.

$\frac{5}{9}$는 $\frac{1}{9}$이 □개, $\frac{2}{9}$는 $\frac{1}{9}$이 □개이므로 $\frac{5}{9}+\frac{2}{9}$는 $\frac{1}{9}$이 □개입니다.

따라서 $\frac{5}{9}+\frac{2}{9}=\frac{\square}{9}$입니다.

5 □ 안에 알맞은 수를 써넣으세요.

(1) $\frac{4}{7}+\frac{2}{7}=\frac{\square+\square}{7}=\frac{\square}{7}$

(2) $\frac{5}{12}+\frac{5}{12}=\frac{\square+\square}{12}=\frac{\square}{12}$

6 계산해 보세요.

(1) $\frac{4}{13}+\frac{6}{13}$

(2) $\frac{10}{17}+\frac{4}{17}$

step 4 도전 문제

7 빈칸에 알맞은 분수를 써넣으세요.

+	$\frac{1}{14}$	$\frac{3}{14}$	$\frac{5}{14}$
$\frac{5}{14}$			
$\frac{7}{14}$			

8 다음 덧셈의 계산 결과가 진분수일 때, □ 안에 들어갈 수 있는 자연수를 모두 구해 보세요.

$\frac{4}{11}+\frac{\square}{11}$

(　　　　　　　　　　)

레오나르도 다빈치의 벽화 그리기

우리가 지금까지도 극찬을 아끼지 않는 레오나르도 다빈치는 어릴 때부터 평범하지 않았던 것으로 전해진다. 한 손으로는 글을 쓰고 한 손으로는 그림을 그리기도 했고 동물을 실감 나게 그리기 위해 살아 있는 동물을 해부*했다는 일화도 있다.

그는 그림뿐 아니라 여러 학문에 호기심을 보였다. 호기심을 해소해 가며 예술 세계의 깊이를 더해 갈 즈음 밀라노의 산타 마리아 델레 그라치에 성당으로부터 식당의 벽화를 그려 달라는 의뢰를 받았다. 그림의 내용은 예수가 십자가에 매달리기 전 제자들과 함께 음식과 포도주를 나누어 먹는 장면이었다.

'최후의 만찬이라… 예수님과 열두 제자의 마지막 모습이로군. 먼저 인물을 구상하러 가야겠다.' 그는 그 모습을 오래 생각하여 구상하고 표현 방법을 꼼꼼히 계획했다. 붓질 한 번 하지 않은 채 며칠씩 그림 앞에 앉아 있기만 할 때도 있었고, 밤새워 그림을 그리는 날도 있었다. 그는 어떤 인물을 그리고자 할 때 가장 먼저 대상의 성격과 본성을 생각했다. 그리고 결론에 이르면 그러한 성격과 본성을 지닌 사람들의 얼굴, 행동, 옷, 움직임을 자세히 관찰했다. 그러니 시간이 오래 걸릴 수밖에 없었다.

◀「최후의 만찬」

그는 1년 동안 벽화의 $\frac{1}{5}$만큼을 그리고 2년째 되는 해에 벽화의 $\frac{2}{5}$만큼을 그렸다. 사람들은 걱정이 되었다.

"레오나르도 그림 중에는 미완성 작품이 많다던데, 혹시 이번에도 미완성으로 끝나는 건 아닐까?"

하지만 다행히도 그는 3년째 되는 해에 벽화의 $\frac{2}{5}$를 그렸고, 끝내 벽화를 완성했다고 한다. 「최후의 만찬」은 그렇게 3년에 걸쳐 그려졌다.

* **해부**: 생물체의 일부나 전부를 갈라 헤쳐서 그 내부 구조와 각 부분 사이의 관련 및 병인과 사인따위를 조사하는 일

1 어떤 인물에 관한 글인가요?

(　　　　　　　　　　　　)

2 이 글에 나오는 인물에 대한 설명으로 옳은 것의 기호를 모두 써 보세요.

㉠ 한 손으로는 글을 쓰고 한 손으로는 그림을 그리기도 했다.
㉡ 예술만을 생각하며 그림에만 골몰했다.
㉢ 어떤 인물을 그리고자 할 때 가장 먼저 대상의 성격과 본성을 생각했다.
㉣ 「최후의 만찬」을 그리는 데 4년이 걸렸다.

(　　　　　　　　　　　　)

3 그는 「최후의 만찬」을 그릴 때, 1년째, 2년째, 3년째에 각각 벽화의 얼마만큼을 그렸나요?

1년째 (　　　　　), 2년째 (　　　　　), 3년째 (　　　　　)

4 처음 2년 동안에는 벽화의 얼마만큼을 그린 것인지 그림으로 나타내고 계산해 보세요.

식 ______________________

답 ______________________

5 2년째와 3년째에는 벽화의 얼마만큼을 그린 것인지 그림으로 나타내고 계산해 보세요.

식 ______________________

답 ______________________

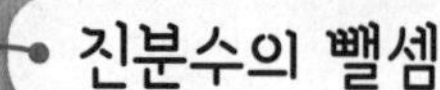

step 1 30초 개념

• 단위분수의 개수를 이용하여 두 진분수의 뺄셈을 할 수 있습니다.

$$\frac{5}{8}-\frac{3}{8}=\frac{5-3}{8}=\frac{2}{8}$$

$\frac{1}{8}$이 5개, $\frac{1}{8}$이 3개, $\frac{1}{8}$이 2개

단위분수 $\frac{1}{8}$은 전체를 8개로 똑같이 나눈 것 중 하나입니다.

$\frac{5}{8}-\frac{3}{8}$에서 $\frac{5}{8}$는 단위분수 $\frac{1}{8}$이 5개, $\frac{3}{8}$은 단위분수 $\frac{1}{8}$이 3개이므로 $\frac{5}{8}-\frac{3}{8}$은 단위분수 $\frac{1}{8}$이 2개인 $\frac{2}{8}$가 됩니다.

개념 연결

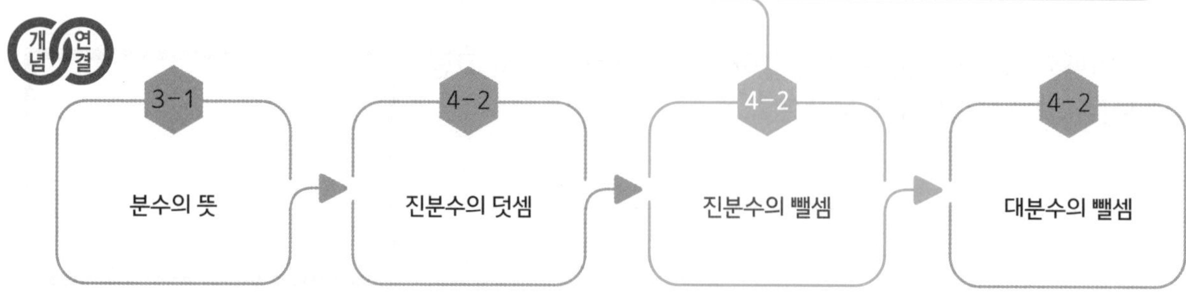

step 2 설명하기

질문 ❶ 그림을 이용하여 $\frac{5}{8}-\frac{3}{8}$을 계산하고 그 방법을 설명해 보세요.

$\frac{5}{8}$ □□□□□□□□ $\frac{3}{8}$ □□□□□□□□

설명하기 $\frac{5}{8}-\frac{3}{8}$에서 $\frac{5}{8}$와 $\frac{3}{8}$을 그림으로 나타내면 다음과 같습니다.

$\frac{5}{8}$

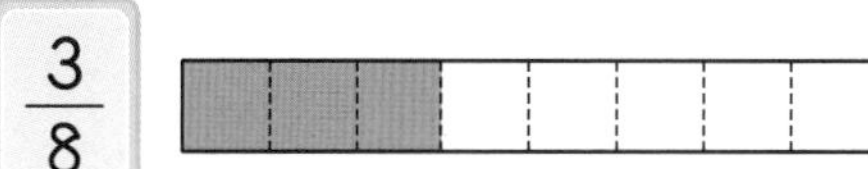

$\frac{3}{8}$

➡ $\frac{5}{8}-\frac{3}{8}=\frac{5-3}{8}=\frac{2}{8}$입니다.

질문 ❷ 분모가 7인 진분수 중 차가 $\frac{1}{7}$이 되는 두 분수를 모두 찾아보세요.

설명하기 분모가 7인 진분수는 $\frac{1}{7}$, $\frac{2}{7}$, $\frac{3}{7}$, ……, $\frac{6}{7}$입니다.

이 중 두 진분수의 차가 $\frac{1}{7}$이 되는 것은 다음과 같이 5가지입니다.

$\frac{2}{7}-\frac{1}{7}$, $\frac{3}{7}-\frac{2}{7}$, $\frac{4}{7}-\frac{3}{7}$, $\frac{5}{7}-\frac{4}{7}$, $\frac{6}{7}-\frac{5}{7}$

1 $\frac{9}{10}$와 $\frac{7}{10}$만큼 색칠하고, □ 안에 알맞은 수를 써넣으세요.

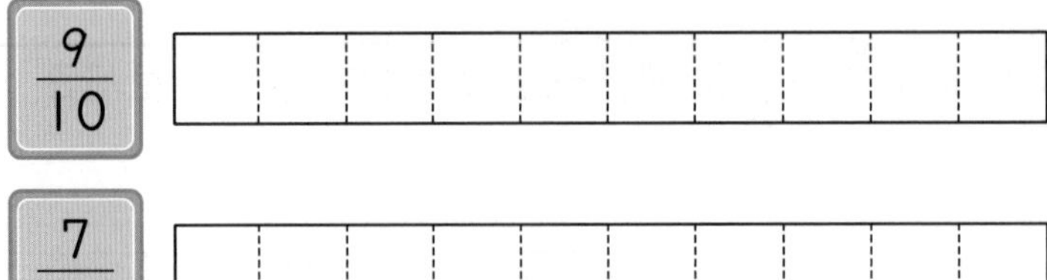

$$\frac{9}{10}-\frac{7}{10}=\frac{\square-\square}{10}=\frac{\square}{10}$$

2 $\frac{7}{8}$만큼 색칠하고, $\frac{5}{8}$만큼 ×표 한 다음, □ 안에 알맞은 수를 써넣으세요.

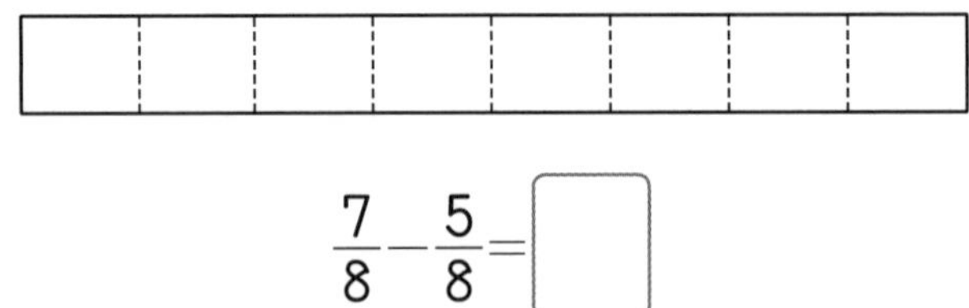

$$\frac{7}{8}-\frac{5}{8}=\square$$

3 □ 안에 알맞은 수를 써넣으세요.

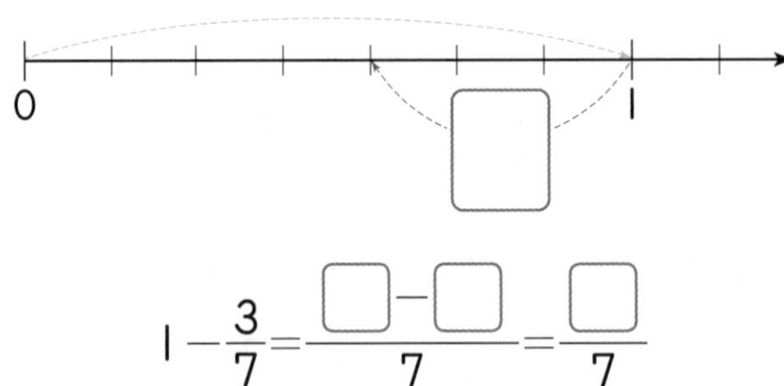

$$1-\frac{3}{7}=\frac{\square-\square}{7}=\frac{\square}{7}$$

4 계산해 보세요.

(1) $\frac{14}{15}-\frac{7}{15}$

(2) $1-\frac{6}{13}$

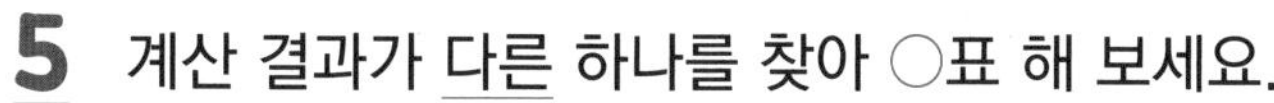

5 계산 결과가 다른 하나를 찾아 ○표 해 보세요.

$\frac{13}{17}-\frac{7}{17}$	$\frac{10}{17}-\frac{4}{17}$	$\frac{11}{17}-\frac{6}{17}$
(　　　)	(　　　)	(　　　)

6 빈 곳에 알맞은 분수를 써넣으세요.

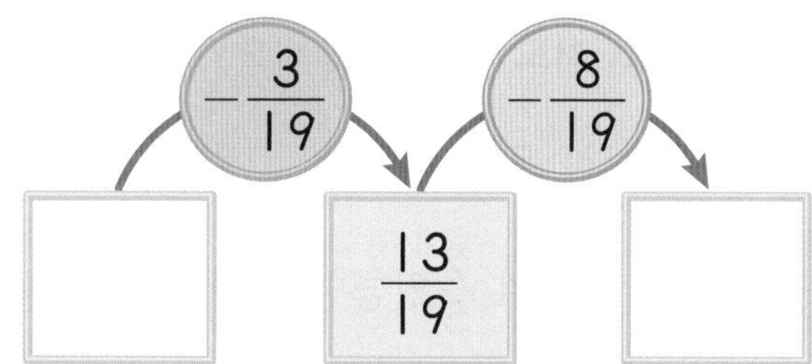

step 4 도전 문제

7 □ 안에 들어갈 수 있는 자연수를 모두 구해 보세요.

$$\frac{9}{10}-\frac{\square}{10}>\frac{5}{10}$$

(　　　　　　　　)

8 그림을 보고 집에서 도서관까지의 거리는 몇 km인지 구해 보세요.

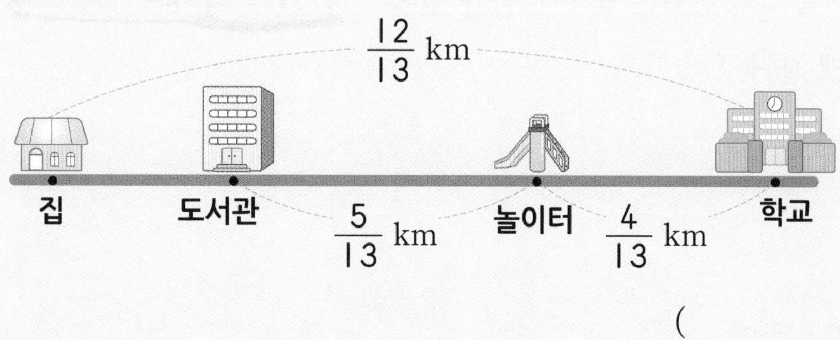

(　　　　　　　　)

물독에 물 채우기

콩쥐는 심성이 착한 소녀였다. 콩쥐의 어머니가 병으로 세상을 떠나자 콩쥐의 아버지는 새장가를 들었다. 새어머니에게는 팥쥐라는 딸이 있었는데 새어머니는 콩쥐에게만 일을 시켰다. 얼마 지나지 않아 콩쥐의 아버지마저 병에 걸려 세상을 떠나자 어머니의 구박*은 더 심해졌다.

마을 잔치가 있는 날, 콩쥐의 새어머니가 말했다.

"콩쥐야, 물독*에 물을 가득 채워 놓고 잔치에 오려무나."

"알겠어요, 어머니. 빨리 해 놓고 저도 잔치에 갈게요."

콩쥐는 우물에서 물을 길어 열심히 독을 채웠다. 그런데 독의 높이의 $\frac{3}{5}$만큼을 채워 놓고 물을 길으러 다녀오니 물이 독의 높이의 $\frac{2}{5}$만큼만 남아 있었다. 콩쥐는 이상했지만 다시 열심히 물을 퍼다 날랐다. 물이 독의 높이의 $\frac{4}{5}$만큼 찼을 때 이제 거의 다 했다고 생각하며 다시 물을 길어 왔지만 물은 다시 독의 높이의 $\frac{2}{5}$만큼으로 줄어 있었다. 이상하게 생각한 콩쥐는 독을 잘 살펴보고 독이 깨져 있다는 것을 알게 되었다.

"독이 깨져 있네. 어쩌지… 잔치에 가긴 틀렸나 봐."

슬퍼하고 있는 콩쥐에게 두꺼비가 나타나 말했다.

"내가 깨진 곳을 막고 있을 테니 물을 길어다 부으렴."

두꺼비의 도움으로 콩쥐는 물독에 물을 금방 채우고 잔치에 갈 수 있었다.

* **구박**: 못 견디게 괴롭힘.
* **물독**: 물을 담아 두는 큰 그릇

1 콩쥐가 마을 잔치에 가기 전 해야 하는 일은 무엇인가요?

( )

2 다음 중 이 이야기의 등장인물이 아닌 것을 모두 고르세요. ( )

① 콩쥐 ② 콩쥐의 새엄마 ③ 아버지
④ 팥쥐 ⑤ 두꺼비

3 콩쥐는 처음에 물을 독의 높이의 얼마만큼 채웠고, 다시 물을 길으러 다녀왔을 때 물은 독의 높이의 얼마만큼 남아 있었나요?

(,)

4 문제 **3**에서 물은 독의 높이의 얼마만큼 줄어들었을까요? ( )

① $\frac{1}{5}$ ② $\frac{2}{5}$ ③ $\frac{3}{5}$
④ $\frac{4}{5}$ ⑤ $\frac{5}{5}$

5 콩쥐가 거의 다 했다고 생각하며 다시 물을 길으러 다녀온 사이에 물이 독의 높이의 얼마만큼 줄어 들었는지 구해 보세요.

식 ______________________

답 ______________________

03 대분수의 덧셈

분수의 덧셈과 뺄셈

step 1 30초 개념

• 대분수의 덧셈은 대분수를 자연수 부분과 진분수 부분으로 나누어 계산합니다.

자연수끼리 더해요.

$$2\frac{2}{3}+1\frac{2}{3}=(2+1)+\left(\frac{2}{3}+\frac{2}{3}\right)=3+\frac{4}{3}=3+1\frac{1}{3}=4\frac{1}{3}$$

분수끼리 더해요.

가분수 → 대분수

대분수의 덧셈에서 분수끼리의 계산 결과가 가분수이면 대분수로 바꾸어 자연수와 더합니다.

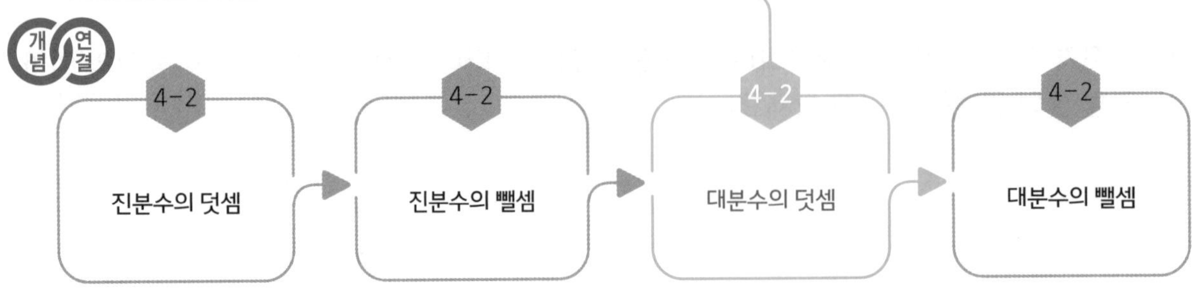

step 2 설명하기

질문 ❶ 그림을 이용하여 $1\frac{1}{4}+2\frac{2}{4}$를 계산하고 그 방법을 설명해 보세요.

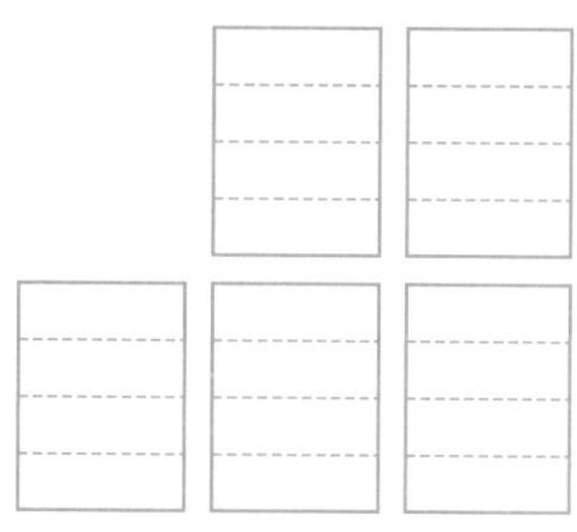

설명하기 1과 2를 더하면 3이고, $\frac{1}{4}$과 $\frac{2}{4}$를 더하면 $\frac{3}{4}$이므로 모두 $3\frac{3}{4}$이 됩니다.

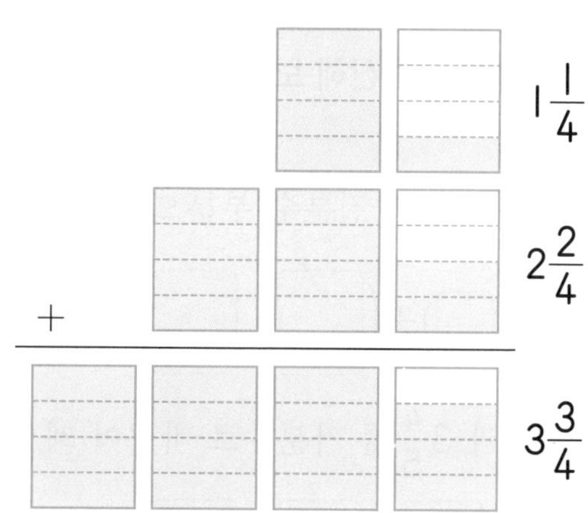

$$1\frac{1}{4}+2\frac{2}{4}=(1+2)+\left(\frac{1}{4}+\frac{2}{4}\right)=3+\frac{3}{4}=3\frac{3}{4}$$

질문 ❷ $2\frac{2}{3}+1\frac{2}{3}$를 가분수로 바꾸어 계산하고 그 방법을 설명해 보세요.

설명하기 $2\frac{2}{3}$는 $\frac{8}{3}$과 같고 $1\frac{2}{3}$는 $\frac{5}{3}$와 같으므로

$2\frac{2}{3}+1\frac{2}{3}=\frac{8}{3}+\frac{5}{3}=\frac{13}{3}=4\frac{1}{3}$입니다.

1 $1\frac{1}{4}+2\frac{2}{4}$만큼 색칠하고 □ 안에 알맞은 수를 써넣으세요.

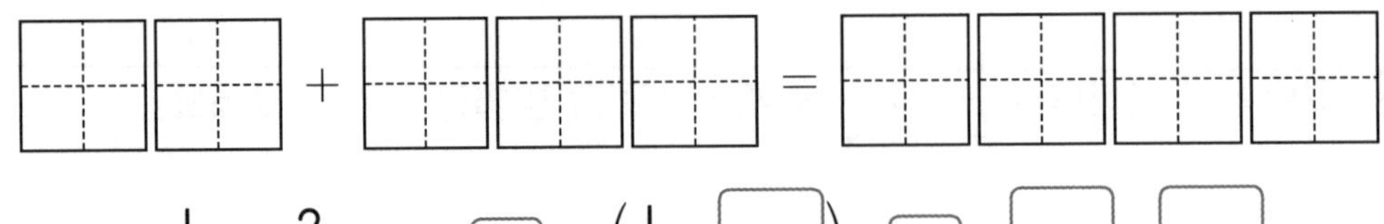

$1\frac{1}{4}+2\frac{2}{4}=(1+\square)+\left(\frac{1}{4}+\square\right)=\square+\square=\square$

2 $2\frac{3}{5}+3\frac{4}{5}$를 2가지 방법으로 계산해 보세요.

(1) $2\frac{3}{5}+3\frac{4}{5}$를 자연수 부분과 진분수 부분으로 나누어 계산하면

$2\frac{3}{5}+3\frac{4}{5}=(\square+\square)+\left(\square+\square\right)=\square+\square=\square+\square=\square$

(2) $2\frac{3}{5}+3\frac{4}{5}$에서 $2\frac{3}{5}$과 $3\frac{4}{5}$를 가분수로 바꾸어 계산하면

$2\frac{3}{5}+3\frac{4}{5}=\square+\square=\square=\square$

3 계산해 보세요.

(1) $5+3\frac{5}{7}$

(2) $4\frac{3}{8}+5\frac{5}{8}$

4 결과가 7과 8 사이인 덧셈식을 찾아 ○표 해 보세요.

$3\frac{9}{11}+3\frac{7}{11}$	$4\frac{5}{9}+3\frac{7}{9}$	$3\frac{3}{5}+2\frac{3}{5}$
(　　　　)	(　　　　)	(　　　　)

5 계산 결과를 비교하여 ◯ 안에 >, =, <를 알맞게 써넣으세요.

(1) $2\frac{7}{10}+4$ ◯ $3\frac{1}{10}+3\frac{4}{10}$

(2) $9\frac{5}{8}+3\frac{3}{8}$ ◯ $10\frac{1}{8}+2\frac{7}{8}$

step 4 도전 문제

6 선우는 축구를 월요일에 $2\frac{2}{9}$시간, 수요일에 $1\frac{7}{9}$시간, 금요일에 $\frac{5}{9}$시간 했습니다. 선우가 월요일, 수요일, 금요일 3일 동안 축구를 한 시간은 모두 몇 시간인지 구해 보세요.

(　　　　　　　　)

7 보기 의 대분수 중 2개를 골라 계산 결과가 가장 큰 덧셈식을 만들고 계산해 보세요.

보기

$1\frac{5}{13}$　　$3\frac{2}{13}$　　$\frac{12}{13}$　　$2\frac{3}{13}$

식 ______________________

답 ______________________

요리 못하는 사람도 할 수 있는 냉라면* 끓이기

여름에 먹기 좋은 냉라면 레시피*

1 물을 종이컵으로 $2\frac{3}{4}$만큼 받아서 끓인다. 물이 끓으면 면을 삶는다.

2 삶은 면을 찬물로 헹구어 열을 식힌다.

3 다시 종이컵으로 물을 $\frac{1}{4}$만큼 받아서 끓인 다음, 라면 수프를 넣는다.

4 식초, 설탕, 참기름을 조금씩 넣는다.

5 4에 종이컵 1컵만큼의 찬물을 넣어 냉라면 국물을 만든다.

6 만든 국물에 면을 넣고 얼음을 곁들이면 완성!

* **냉라면**: 라면 또는 라면 외의 다른 재료를 넣어 차갑게 먹는 라면
* **레시피**: 음식을 만드는 방법

1 레시피에서 물의 양을 재는 기준이 되는 것은 무엇인가요?

( )

2 이 글에서 냉라면을 만드는 데 필요한 재료로 적절하지 않은 것은? ( )

① 식초 ② 설탕 ③ 참기름
④ 라면 ⑤ 고춧가루

3 라면만 삶는 데는 물이 얼마나 필요한가요?

( )

4 냉라면에 얼음을 곁들이기 전 국물의 양은 종이컵으로 얼마만큼일까요? ( )
(단, 물을 끓이면서 증발된 양은 생각하지 않습니다.)

① 1 ② $1\frac{1}{4}$ ③ $1\frac{3}{4}$
④ 2 ⑤ $2\frac{3}{4}$

5 냉라면을 만들기 위해 필요한 물의 양은 종이컵으로 얼마만큼인지 구해 보세요.
(단, 헹굴 때 사용한 찬물의 양은 생각하지 않습니다.)

( )

04 분수의 덧셈과 뺄셈

대분수의 뺄셈

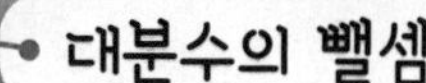

step 1 30초 개념

• $3\frac{4}{5}-2\frac{2}{5}$와 같이 받아내림이 없는 대분수의 뺄셈은 대분수를 자연수 부분과 진분수 부분으로 나누어 계산합니다.

자연수끼리 빼요.

$$3\frac{4}{5}-2\frac{2}{5}=(3-2)+\left(\frac{4}{5}-\frac{2}{5}\right)=1+\frac{2}{5}=1\frac{2}{5}$$

분수끼리 빼요. 뺀 결과를 더해요.

개념 연결

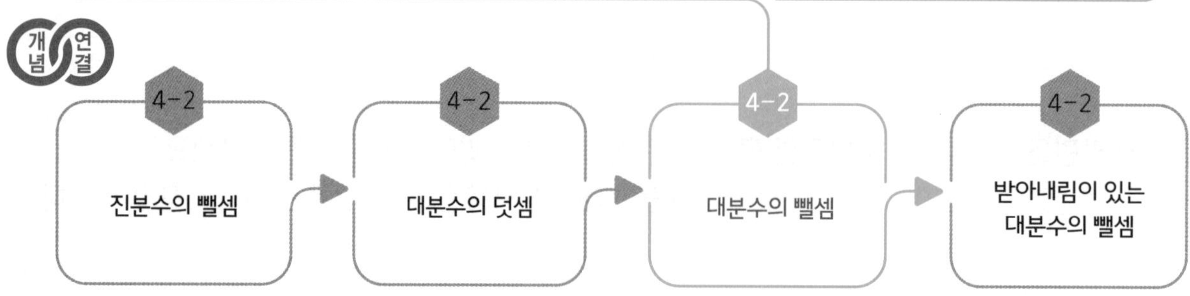

공부한 날 월 일

step 2 설명하기

질문 ❶ 그림을 이용하여 $3\frac{3}{4}-1\frac{1}{4}$을 계산하고 그 방법을 설명해 보세요.

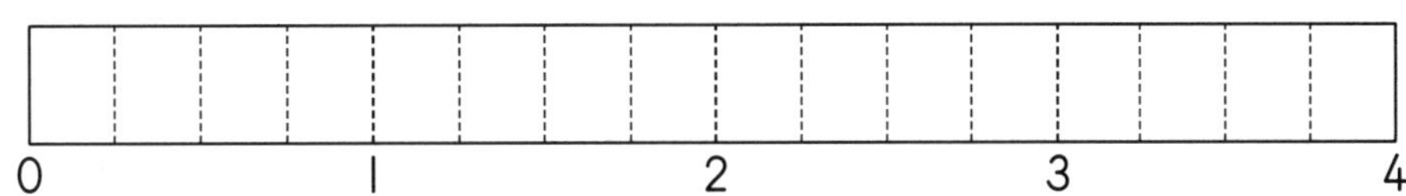

설명하기 $3\frac{3}{4}-1\frac{1}{4}$은 $3\frac{3}{4}$만큼을 그림에 나타낸 다음, 1만큼을 ×표 하고, $\frac{1}{4}$만큼을 ×표 합니다.

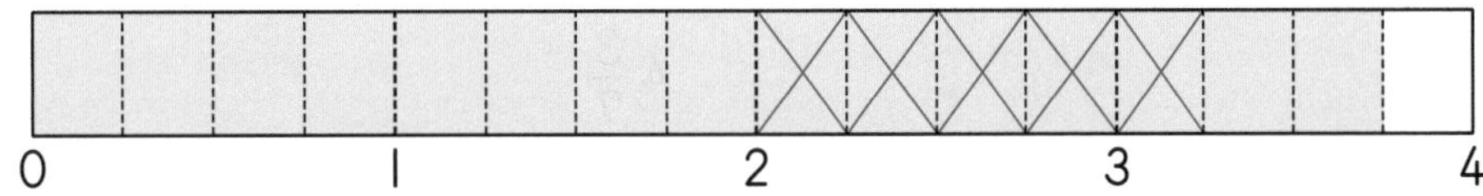

그림에서 남은 것은 $2\frac{2}{4}$입니다.

➡ 따라서 $3\frac{3}{4}-1\frac{1}{4}=2\frac{2}{4}$입니다.

질문 ❷ $3\frac{4}{5}-1\frac{2}{5}$를 가분수로 바꾸어 계산하고 그 방법을 설명해 보세요.

설명하기 $3\frac{4}{5}$는 $\frac{19}{5}$와 같고 $2\frac{2}{5}$는 $\frac{12}{5}$와 같으므로

$3\frac{4}{5}-2\frac{2}{5}=\frac{19}{5}-\frac{12}{5}=\frac{7}{5}=1\frac{2}{5}$입니다.

1 $3\frac{3}{4}-2\frac{2}{4}$만큼 색칠하고 □ 안에 알맞은 수를 써보세요.

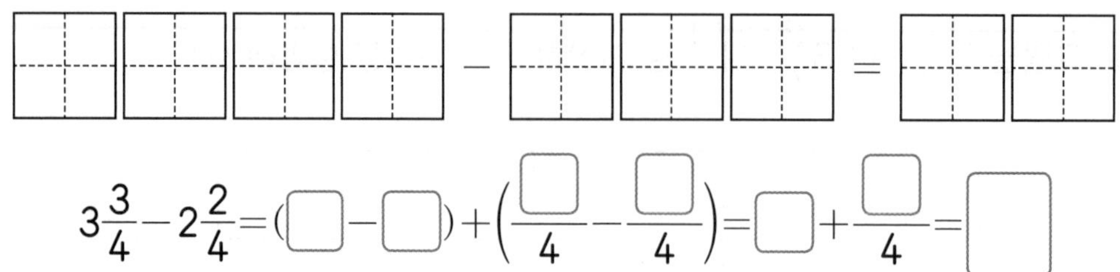

$3\frac{3}{4}-2\frac{2}{4}=(\square-\square)+\left(\frac{\square}{4}-\frac{\square}{4}\right)=\square+\frac{\square}{4}=\square$

2 □ 안에 알맞은 분수를 써보세요.

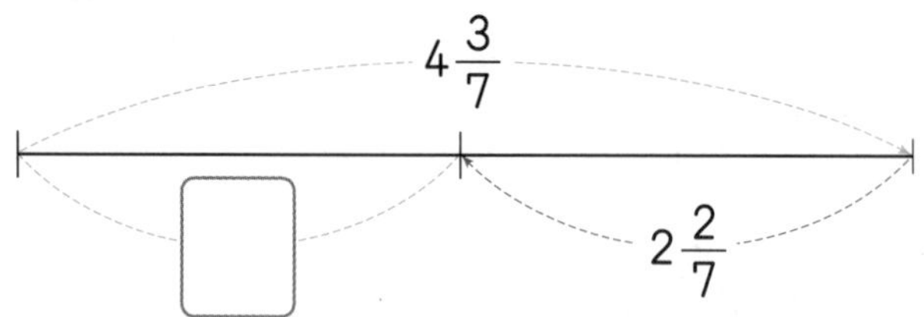

3 계산해 보세요.

(1) $3\frac{5}{9}-2\frac{1}{9}$

(2) $5\frac{6}{7}-2\frac{1}{7}$

4 빈 곳에 알맞은 수를 써넣으세요.

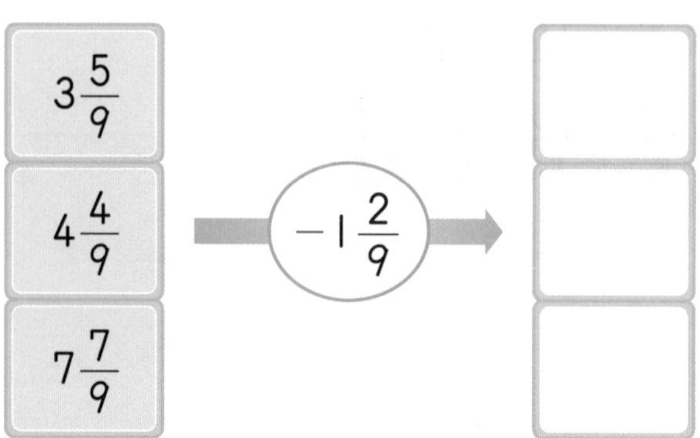

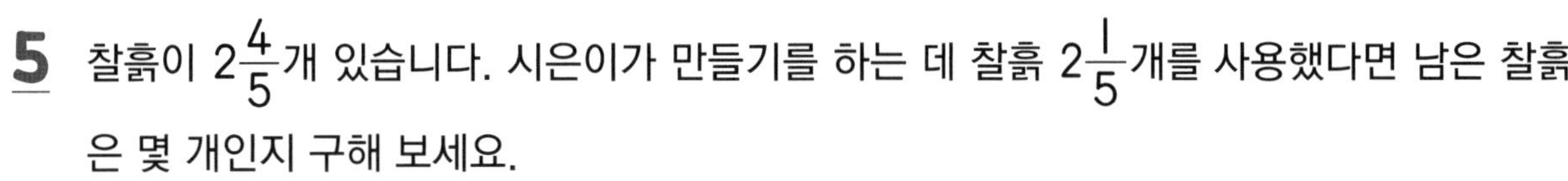

5 찰흙이 $2\frac{4}{5}$개 있습니다. 시은이가 만들기를 하는 데 찰흙 $2\frac{1}{5}$개를 사용했다면 남은 찰흙은 몇 개인지 구해 보세요.

( )

6 가장 큰 수와 가장 작은 수의 차를 구해 보세요.

$1\frac{1}{14}$ $2\frac{3}{14}$ $2\frac{5}{14}$ $1\frac{13}{14}$

( )

step 4 도전 문제

7 다음 대분수의 뺄셈식에서 ■+♥가 가장 작을 때의 값은? ( )

$7\frac{■}{6}-4\frac{♥}{6}=3\frac{1}{6}$

① 1 ② 2 ③ 3 ④ 4 ⑤ 5

8 3장의 수 카드 중 2장을 골라 □ 안에 써넣었을 때 계산 결과가 가장 큰 뺄셈식을 만들고 계산해 보세요.

2 5 6

$5\frac{□}{8}-3\frac{□}{8}$

식 ____________________

답 ____________________

숲속 과자 집

헨젤과 그레텔의 새엄마는 두 오누이*를 숲속에 두고 사라져 버렸어요. 어느덧 해가 지고 날이 어두워졌어요. 헨젤이 오는 길에 빵 조각을 떨어뜨려 돌아갈 길을 표시해 두었지만 산새들이 빵을 다 먹어 버려 길을 찾을 수 없었어요. 오누이는 길을 잃고 숲속을 이리저리 헤매었어요. 아무리 찾아도 집으로 가는 길은 보이지 않았지요. 한참을 걷던 오누이 앞에 작은 집 하나가 나타났어요.

"오빠, 맛있는 과자로 만든 집이야!" 그레텔이 말했어요.

"정말이네. 벽은 과자, 창문은 케이크, 기둥은 빵으로 만들어졌어." 헨젤이 대답했어요.

배가 많이 고팠던 오누이는 정신없이 집을 뜯어 먹었어요. 헨젤은 케이크를 1판하고도 4등분 한 것 중에 2조각을 먹었고, 길쭉한 빵도 2개하고도 6등분 한 것 중에 1조각을 먹었어요. 그레텔은 케이크를 1판하고도 4등분 한 것 중에 1조각을 먹고, 길쭉한 빵은 2개하고도 6등분한 것 중에 2조각을 먹었어요.

바로 그때, 무섭게 생긴 마녀가 나타났어요.

"요 녀석들, 남의 집을 함부로 먹다니!"

화가 난 마녀는 헨젤을 창살 달린 우리*에 가두고 그레텔에게 소리쳤어요.

"어서 맛있는 요리를 만들어서 오빠에게 줘! 통통하게 살이 찌면 잡아먹을 테니까!"

헨젤과 그레텔은 마녀가 너무 무서웠어요.

헨젤과 그레텔은 이제 어떻게 될까요? 헨젤을 잡아먹으려는 마녀에게서 도망칠 수 있을까요?

* **오누이**: 오라비와 누이. 남매
* **우리**: 짐승을 가두어 두는 곳

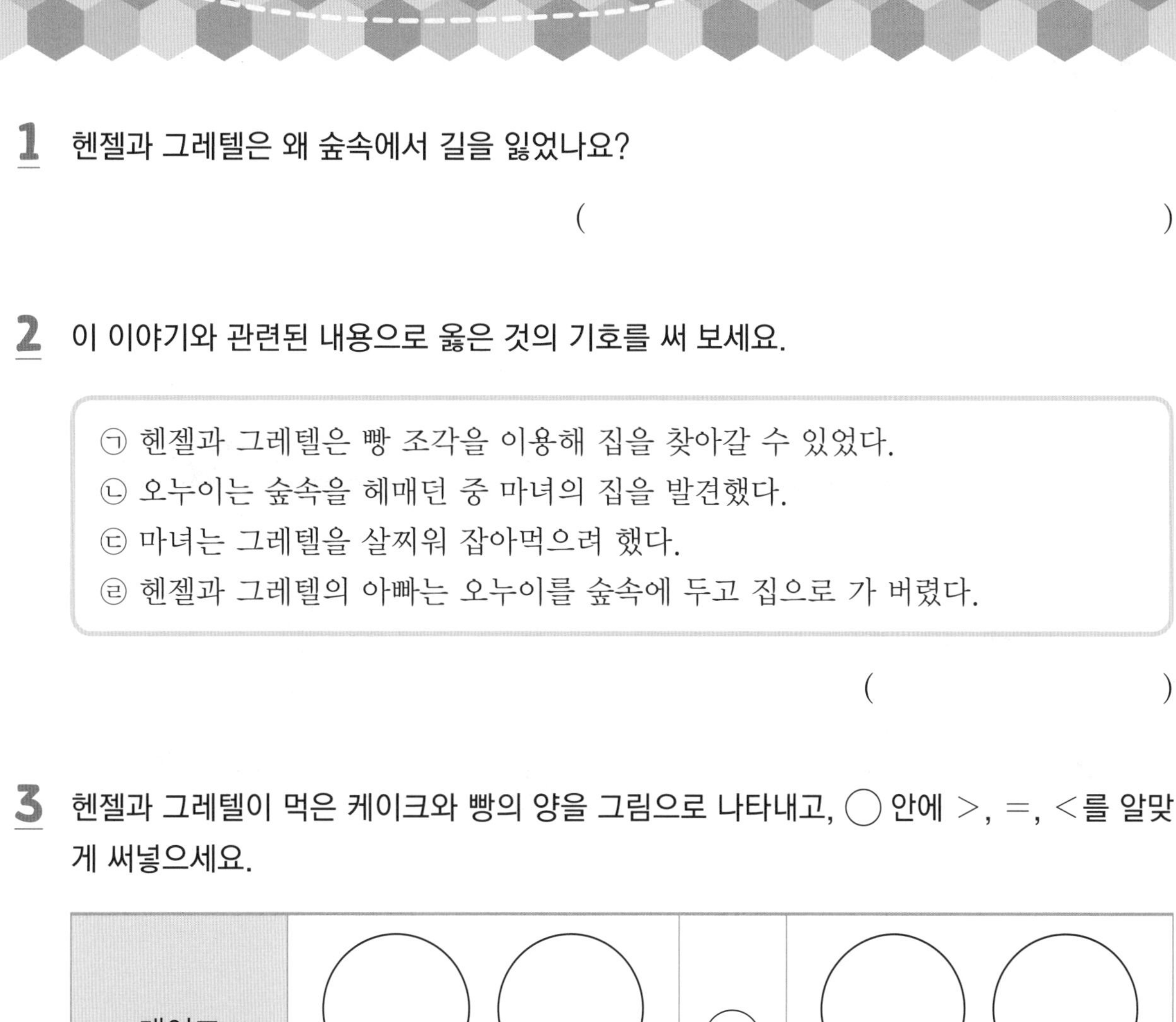

1 헨젤과 그레텔은 왜 숲속에서 길을 잃었나요?

( )

2 이 이야기와 관련된 내용으로 옳은 것의 기호를 써 보세요.

㉠ 헨젤과 그레텔은 빵 조각을 이용해 집을 찾아갈 수 있었다.
㉡ 오누이는 숲속을 헤매던 중 마녀의 집을 발견했다.
㉢ 마녀는 그레텔을 살찌워 잡아먹으려 했다.
㉣ 헨젤과 그레텔의 아빠는 오누이를 숲속에 두고 집으로 가 버렸다.

( )

3 헨젤과 그레텔이 먹은 케이크와 빵의 양을 그림으로 나타내고, ◯ 안에 >, =, <를 알맞게 써넣으세요.

케이크	헨젤이 먹은 양	◯	그레텔이 먹은 양
길쭉한 빵	헨젤이 먹은 양	◯	그레텔이 먹은 양

4 헨젤은 그레텔보다 케이크를 얼마나 더 먹었는지 식을 세워 구해 보세요.

식 ______________________ 답 ______________

5 그레텔은 헨젤보다 길쭉한 빵을 얼마나 더 먹었는지 식을 세워 구해 보세요.

식 ______________________ 답 ______________

05 분수의 덧셈과 뺄셈

받아내림이 있는 대분수의 뺄셈

step 1 30초 개념

- $3\frac{1}{3}-1\frac{2}{3}$와 같이 받아내림이 있는 대분수의 뺄셈은 빼어지는 대분수의 자연수에서 1만큼을 가분수로 바꾼 다음, 대분수를 자연수 부분과 분수 부분으로 나누어 계산합니다.

$$3\frac{1}{3}-1\frac{2}{3}=2\frac{4}{3}-1\frac{2}{3}=(2-1)+\left(\frac{4}{3}-\frac{2}{3}\right)=1+\frac{2}{3}=1\frac{2}{3}$$

1만큼을 가분수로 나타내요.

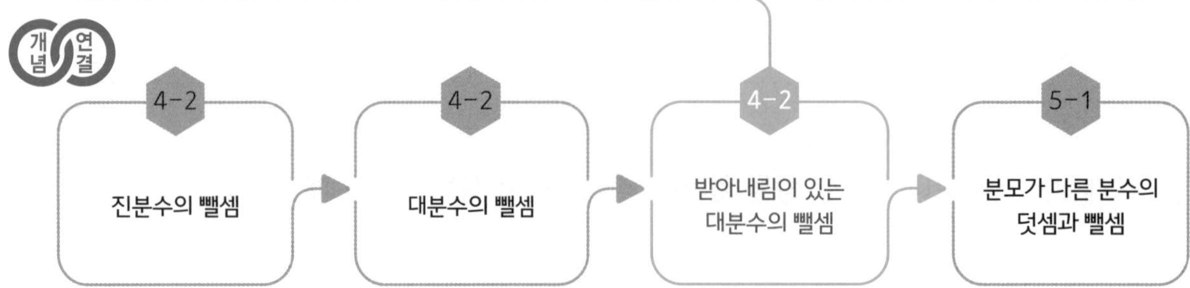

공부한 날 월 일

step 2 설명하기

질문 ❶ 수직선을 이용하여 $4\frac{1}{4}-2\frac{3}{4}$을 계산하고 그 방법을 설명해 보세요.

설명하기 $4\frac{1}{4}-2\frac{3}{4}$을 수직선에 나타내면 남은 것은 $1\frac{2}{4}$입니다.

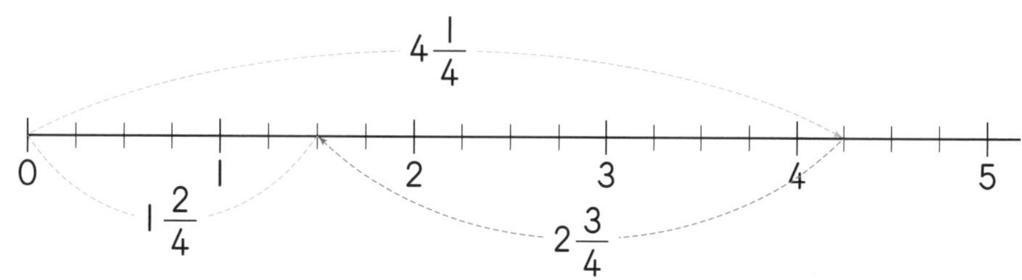

➡ 따라서 $4\frac{1}{4}-2\frac{3}{4}=1\frac{2}{4}$입니다.

질문 ❷ $3\frac{1}{3}-1\frac{2}{3}$를 가분수로 바꾸어 계산하고 그 방법을 설명해 보세요.

설명하기 $3\frac{1}{3}$은 $\frac{10}{3}$과 같고 $1\frac{2}{3}$는 $\frac{5}{3}$와 같으므로

$3\frac{1}{3}-1\frac{2}{3}=\frac{10}{3}-\frac{5}{3}=\frac{10-5}{3}=\frac{5}{3}=1\frac{2}{3}$입니다.

1 $4\frac{3}{5}-1\frac{4}{5}$를 2가지 방법으로 계산해 보세요.

(1) $4\frac{3}{5}$의 자연수 4에서 1만큼을 가분수로 바꾸어 계산하면

$$4\frac{3}{5}-1\frac{4}{5}=3\frac{\square}{5}-1\frac{4}{5}=(\square-\square)+\left(\frac{\square}{5}-\frac{\square}{5}\right)$$

$$=\square+\frac{\square}{5}=\square\frac{\square}{5}$$

(2) $4\frac{3}{5}$과 $1\frac{4}{5}$를 가분수로 바꾸어 계산하면

$$4\frac{3}{5}-1\frac{4}{5}=\square-\square=\square=\square$$

2 계산해 보세요.

(1) $4-1\frac{4}{15}$

(2) $14\frac{3}{11}-10\frac{10}{11}$

3 계산식에서 잘못된 부분을 찾아 바르게 계산해 보세요.

$4-2\frac{10}{11}=(4-2)+\frac{10}{11}=2\frac{10}{11}$ ➡

바른 계산

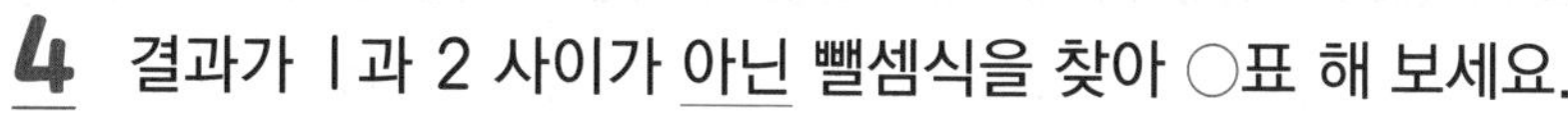

4 결과가 1과 2 사이가 아닌 뺄셈식을 찾아 ○표 해 보세요.

$13\frac{3}{10}-11\frac{7}{10}$	$5-3\frac{5}{7}$	$2\frac{3}{5}-1\frac{4}{5}$
(　　　)	(　　　)	(　　　)

5 자연수를 두 분수의 합으로 나타낼 때, □ 안에 알맞은 수를 써넣으세요.

(1) $5=1\frac{1}{4}+\square\frac{\square}{4}$　　　(2) $4=1\frac{1}{6}+\square$

step 4 도전 문제

6 4장의 수 카드 5, 6, 7, 8 을 모두 한 번씩만 사용하여 계산 결과가 가장 큰 (자연수)−(대분수)의 식을 만들고 계산해 보세요.

식 ______________________

답 ______________________

7 길이가 7 cm인 테이프 3개를 $\frac{1}{3}$ cm씩 겹쳐서 이어 붙였습니다. 이어 붙인 테이프의 전체 길이는 몇 cm일까요?

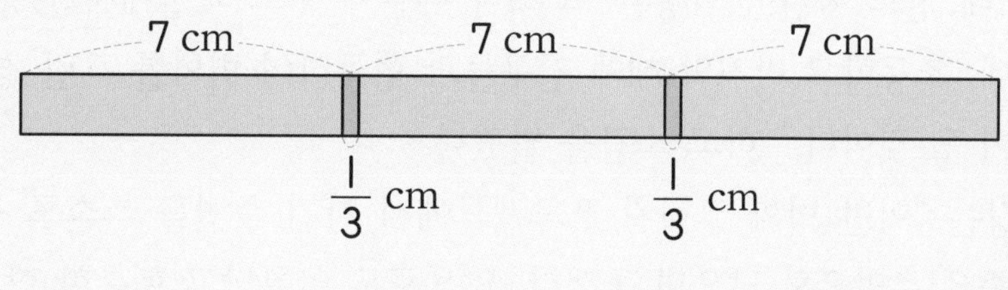

(　　　　　　)

<table>
<tr><td rowspan="2">보 도
자 료</td><td>비아초등학교</td><td>보도* 요청일
2023. 5. 15. (월)</td></tr>
<tr><td colspan="2">담당 교사 김벽화 ☏ (064)－123－4567</td></tr>
<tr><td>제목</td><td colspan="2">비아초 6학년, '벽화 그리기 프로젝트' 실시</td></tr>
<tr><td>부제</td><td colspan="2">학생들 스스로 행복한 공간 만들기</td></tr>
</table>

비아초등학교는 5월 9일부터 13일까지 5일간, 학교 담장 약 50 m에 해당하는 공간에 벽화를 그리는 활동을 진행했다. 진로 교육의 일환으로 마련된 이 '벽화 그리기 프로젝트'에는 6학년 학생 90명 모두가 참여하여 벽화 작가, 공공 디자이너 등과 관련 직업을 체험하고, 학교 공간을 아름답게 만드는 시간을 가졌다.

이 과정에서 주제 선정, 그림 구상, 그리기 작업을 학생과 교사가 함께 했기에 학생이 학교 공간의 주인이며 교육 활동의 주체*라는 생각을 되새겨 보는 계기도 되었다.

프로젝트를 하는 동안 담장 3 m를 색칠하는 데 페인트가 1통쯤 쓰일 것으로 예상하여 페인트를 노란색 5통, 빨간색 3통, 파란색 4통, 초록색 5통 준비했는데, 그중에서 노란색은 $4\frac{3}{4}$통, 빨간색은 $2\frac{1}{2}$통, 파란색은 $2\frac{3}{5}$통, 초록색은 $3\frac{2}{3}$통을 사용했다고 한다.

6학년 윤미래 전교 어린이 회장은 "코로나 때문에 주로 교실에서만 공부하니 답답할 때가 많았는데, 초등학교 마지막 해에 친구들과 협동하여 벽화를 그린 경험이 소중하고 뜻깊은 추억이 될 것이다." 하고 소감을 밝혔다.

최고다 교장은 "이번 벽화 그리기 프로젝트에서 자기 주변을 스스로 꾸며 본 경험이 학생들에게 좋은 추억으로 남으면 좋겠다. 앞으로도 아름답고 행복한 학교를 만들기 위해 노력할 것이다." 하고 말했다.

* **보도**: 대중 전달 매체를 통하여 일반 사람들에게 새로운 소식을 알림.
* **주체**: 어떤 행동의 주인이 되는 것

1 비아초등학교에서 '벽화 그리기 프로젝트'를 진행한 이유는 무엇인지 □ 안에 알맞은 말을 써넣으세요.

> □□ 교육의 일환으로 벽화 작가, 공공 디자이너 등과 관련 직업을 체험하고, 학교 공간을 아름답게 만들기 위해서이다.

2 '벽화 그리기 프로젝트'에 대한 설명으로 옳지 않은 것은? (　　　　)

① 진로 교육의 일환으로 학교 담장 약 50 m에 해당하는 공간에 벽화를 그리는 활동이 진행되었다.
② 주제 선정, 그림 구상, 그리기 작업을 학생과 교사가 함께 했다.
③ 전교 어린이 회장은 친구들과 협동하여 벽화를 그린 경험이 소중하고 뜻깊은 추억이 될 것이라고 말했다.
④ 교장 선생님은 좋은 친구들끼리 우정을 쌓은 경험을 소중히 간직했으면 좋겠다고 말씀하셨다.
⑤ 프로젝트에 노란색, 빨간색, 파란색, 초록색 페인트가 사용되었다.

3 학교에서는 담장 1 m를 색칠하는 데 페인트가 몇 분의 몇 통이 필요하다고 생각했나요?

(　　　　　　　　)

4 학교에서 페인트를 색깔별로 몇 통씩 준비했고, 몇 통을 사용했는지 표로 정리해 보세요.

색깔	준비한 페인트(통)	사용한 양(통)
노란색		
빨간색		
파란색		
초록색		

5 색깔별로 페인트가 얼마만큼씩 남았는지 구해 보세요.

노란색 (　　　　　　　　), 빨간색 (　　　　　　　　)
파란색 (　　　　　　　　), 초록색 (　　　　　　　　)

06 삼각형

이등변삼각형

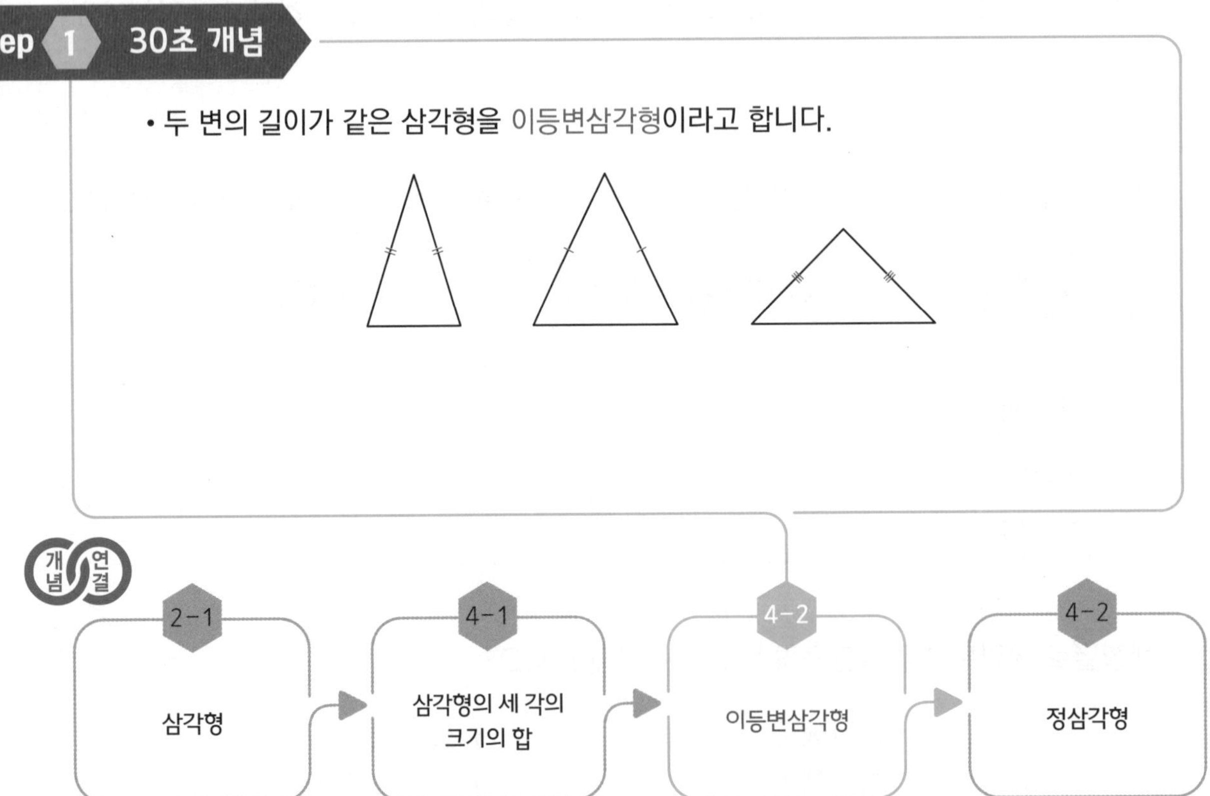

step 1 30초 개념

• 두 변의 길이가 같은 삼각형을 이등변삼각형이라고 합니다.

step 2 설명하기

질문 ❶ 그림을 보고 이등변삼각형의 두 각의 크기가 같은 것을 어떻게 알 수 있는지 설명해 보세요.

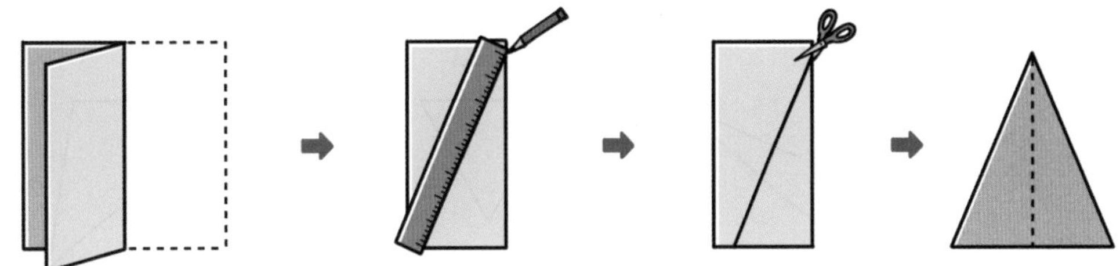

설명하기 눈으로 비교해 보니 같다는 것을 알 수 있습니다.
종이를 겹쳐 보니 같다는 것을 알 수 있습니다.
종이를 겹쳐서 잘랐기 때문에 두 각의 크기가 같습니다.
각도기를 이용하여 각의 크기를 재어 보면 두 각의 크기가 같음을 알 수 있습니다.

질문 ❷ 이등변삼각형을 완성해 보세요.

설명하기 주어진 조건에 따라 다양하게 그릴 수 있습니다.

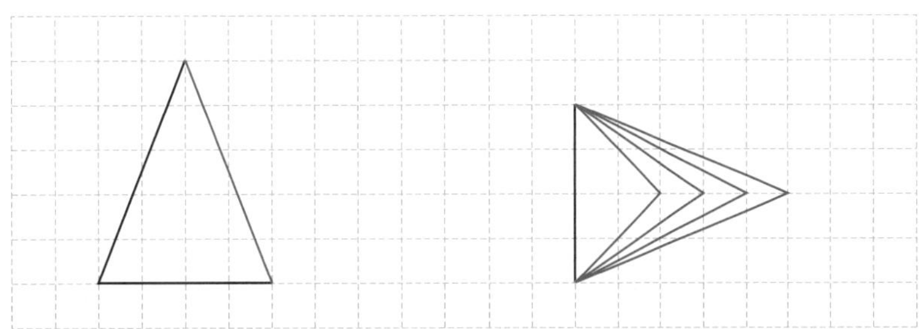

두 변의 길이가 주어진 상황에서는 나머지 한 변을 그려 이등변삼각형을 완성합니다. 한 변의 길이만 주어진 경우 두 변을 더 그려서 여러 가지 모양과 크기의 이등변삼각형을 만들 수 있습니다.

step 3 개념 연결 문제

1 다음 삼각형을 변의 길이에 따라 분류하여 빈칸에 알맞은 기호를 써 보세요.

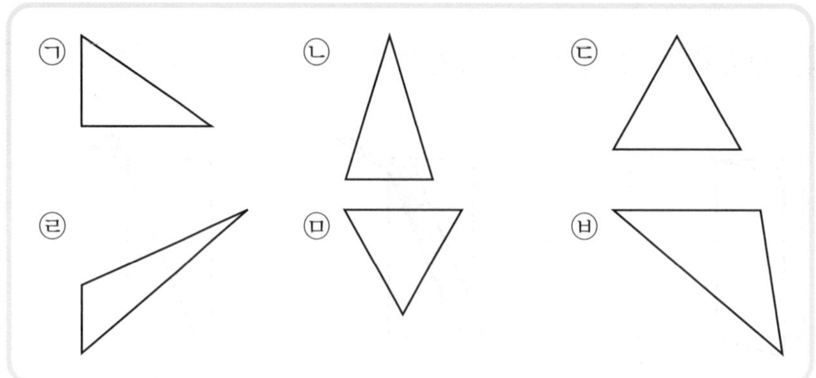

세 변의 길이가 모두 다른 삼각형	두 변의 길이가 같은 삼각형	세 변의 길이가 모두 같은 삼각형

2 삼각형의 세 변의 길이를 나타낸 것입니다. 이등변삼각형이 아닌 것은? (　　　　)

① 4 cm, 4 cm, 4 cm　② 5 cm, 5 cm, 7 cm　③ 3 cm, 4 cm, 5 cm
④ 5 cm, 6 cm, 6 cm　⑤ 7 cm, 11 cm, 7 cm

3 이등변삼각형에서 세 변의 길이의 합을 구해 보세요.

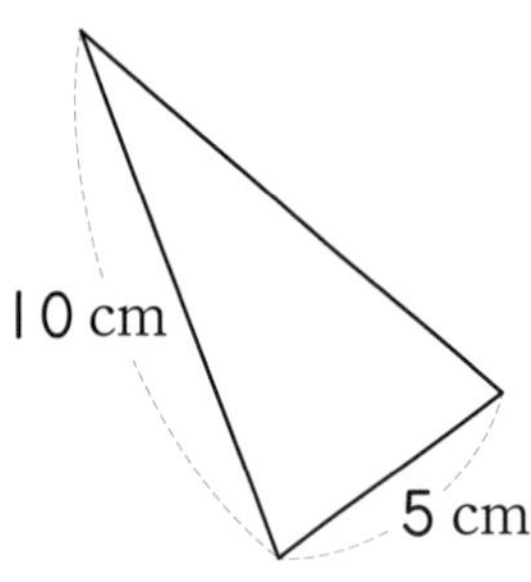

(　　　　　　　　)

4 두 변의 길이가 9 cm, 6 cm인 이등변삼각형 중에서 세 변의 길이의 합이 더 큰 이등변삼각형의 세 변의 길이의 합은 얼마일까요?

(　　　　　　　　)

5 다음은 이등변삼각형입니다. □ 안에 알맞은 수를 써넣으세요.

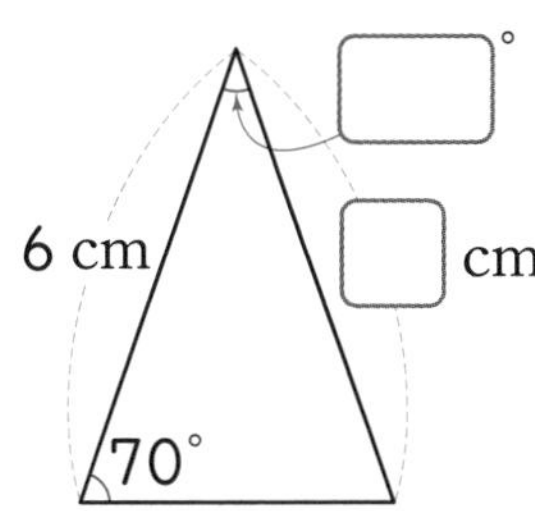

6 이등변삼각형을 2개 그려 보세요.

step 4 도전 문제

7 삼각형에서 ㉠에 알맞은 각도를 구해 보세요.

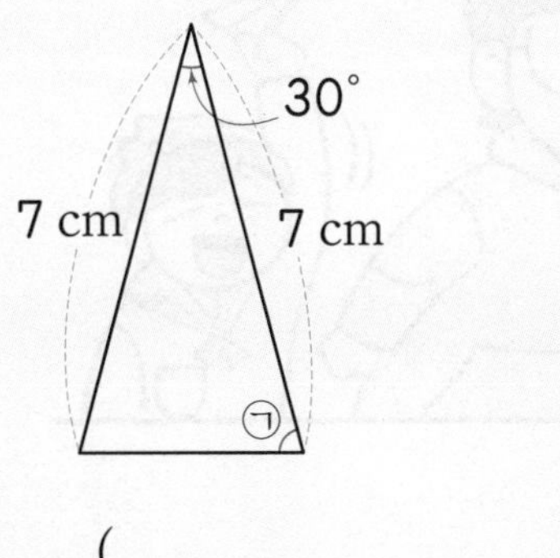

(　　　　　　　　)

8 삼각형의 두 각의 크기를 보고 이등변삼각형의 각이 아닌 것에 ○표 해 보세요.

70°, 50°	80°, 50°	55°, 70°
(　　　)	(　　　)	(　　　)

종이비행기 접기

하늘을 날아다니는 멋진 비행기를 만들어 볼까요?

직사각형 모양의 색종이를 한 장 준비하세요.

다음 순서에 따라 종이비행기를 만들어서 날려 보세요!

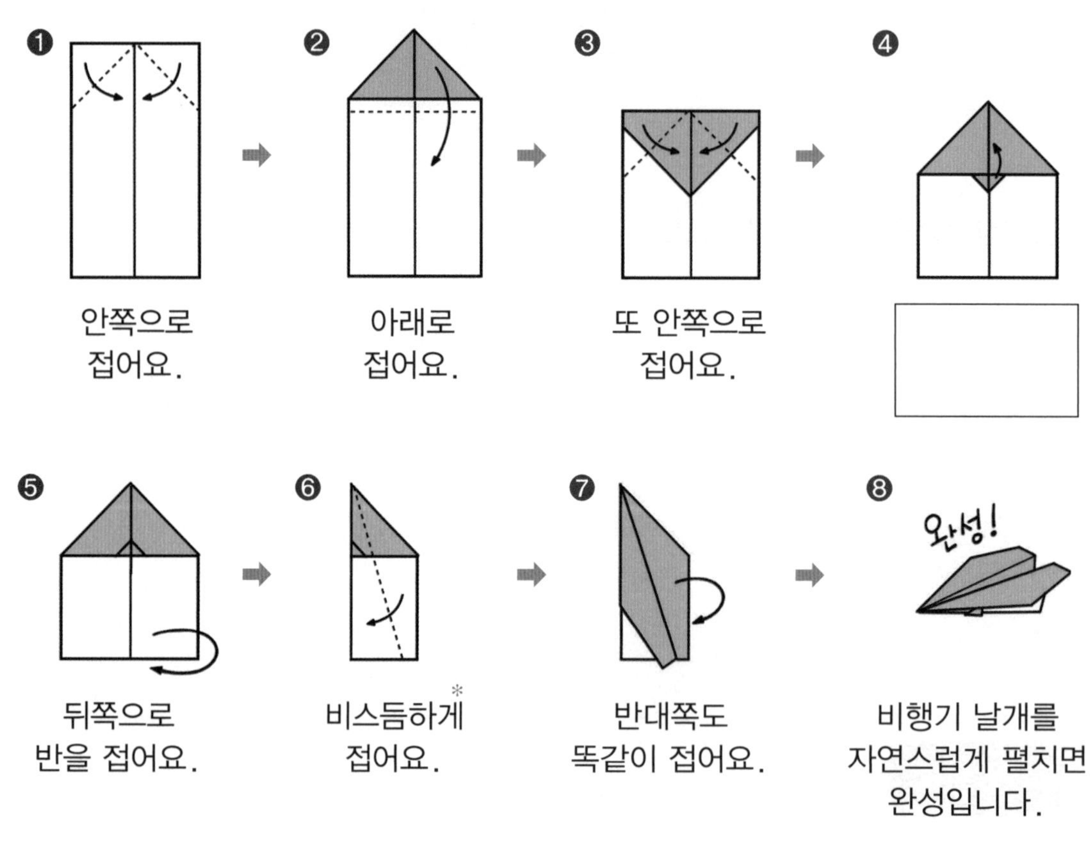

* **비스듬하다**: 수평이나 수직이 되지 않고 한쪽으로 기울어져 있다.

1 종이비행기를 접을 때, 어떤 모양의 종이를 이용하나요?

( )

2 종이비행기를 접는 순서 중 ❷와 ❺에서 볼 수 있는 삼각형은 삼각형을 변의 길이로 분류할 때 어떤 삼각형인가요?

( )

3 문제 2의 삼각형의 특징으로 틀린 것을 모두 고르세요. ( )

① 삼각형을 반으로 접으면 완전히 겹쳐진다.
② 두 변의 길이가 같다.
③ 두 각의 크기가 같다.
④ 세 변의 길이가 모두 같다.
⑤ 세 각의 크기가 모두 같다.

4 종이비행기는 왜 이등변삼각형 모양으로 만드는 것이 좋은지 그 이유를 써 보세요.

이유

5 종이비행기를 접는 순서 중 ❹를 설명하는 글을 써 보세요.

step 1 30초 개념

• 세 변의 길이가 모두 같은 삼각형을 정삼각형이라고 합니다.

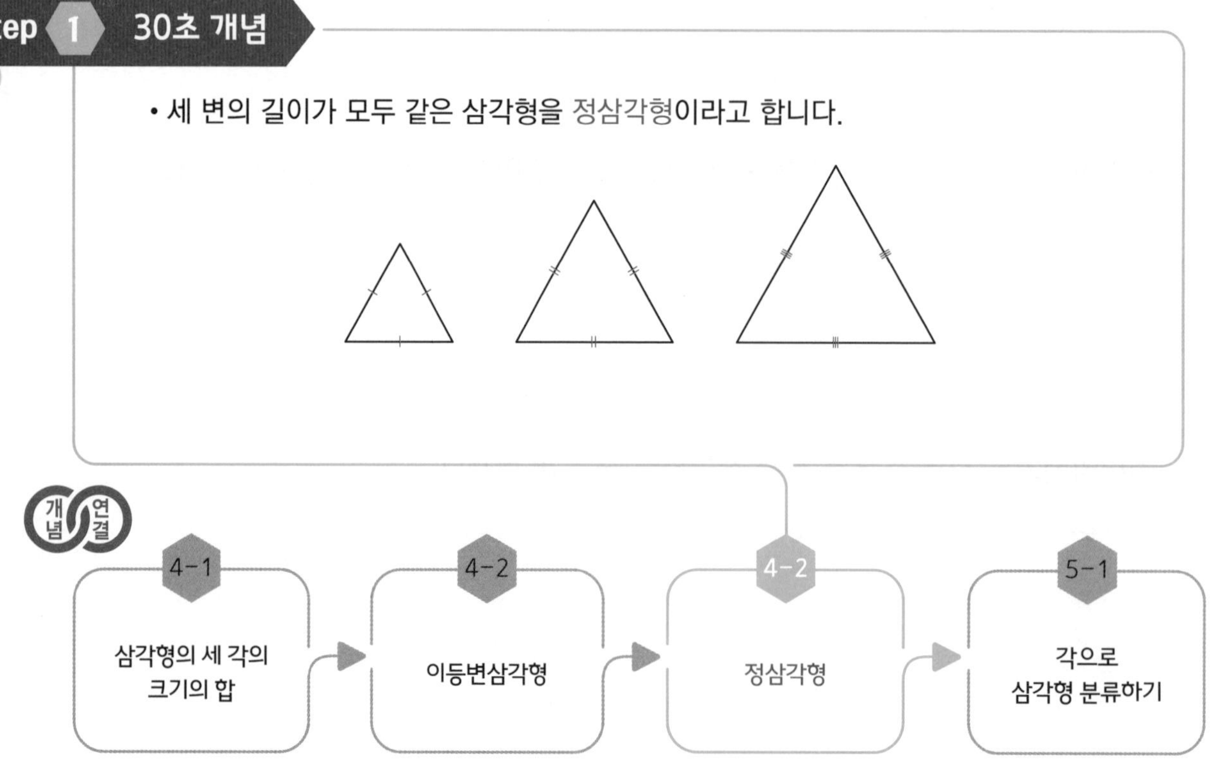

step 2 설명하기

질문 ❶ 정삼각형의 한 각의 크기는 60°임을 설명해 보세요.

설명하기 삼각형 ㄱㄴㄷ에서 두 변 ㄱㄴ, ㄱㄷ의 길이가 같으므로 이등변삼각형의 성질에 의해서 ∠ㄴ=∠ㄷ입니다.
또한 두 변 ㄴㄱ, ㄴㄷ의 길이가 같으므로 이등변삼각형의 성질에 의해서 ∠ㄱ=∠ㄷ입니다.
그러므로 ∠ㄱ=∠ㄴ=∠ㄷ입니다.
즉, 정삼각형은 세 각의 크기가 같습니다.
삼각형의 세 각의 크기의 합은 180°이므로, 정삼각형의 한 각의 크기는 60°입니다.

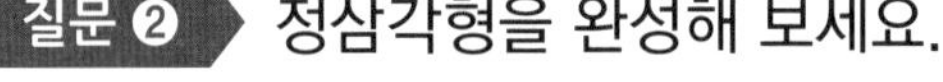

질문 ❷ 정삼각형을 완성해 보세요.

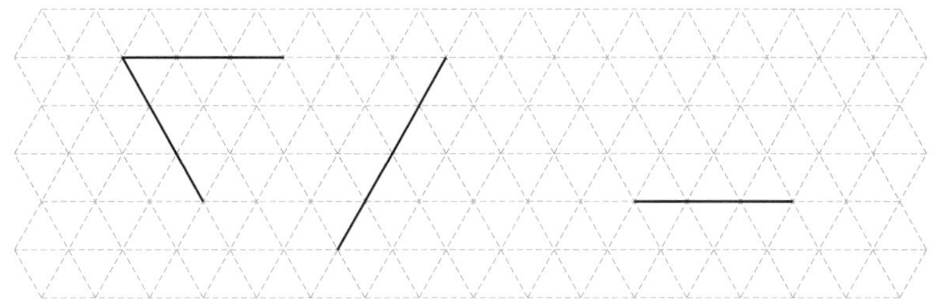

설명하기 정삼각형의 한 변 또는 두 변(검은색)이 주어지면 정삼각형의 나머지 변(빨간색)을 그려 정삼각형을 완성할 수 있습니다.

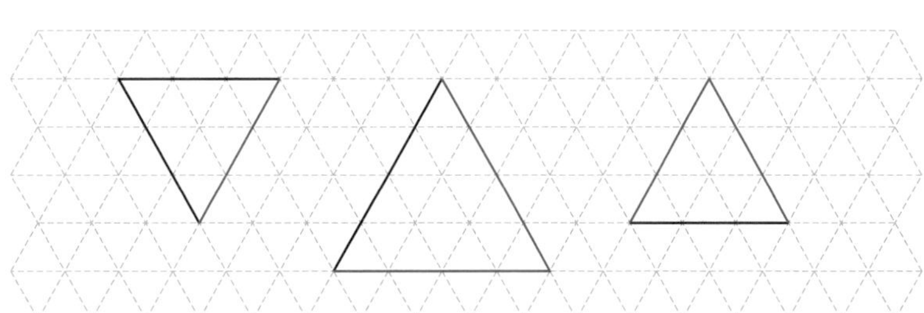

1 □ 안에 알맞은 수나 말을 써넣으세요.

(1) 정삼각형의 한 각의 크기는 □°입니다.

(2) 정삼각형의 세 각의 크기는 □

(3) 정삼각형의 세 변의 길이는 □

2 정삼각형의 세 변의 길이의 합을 구해 보세요.

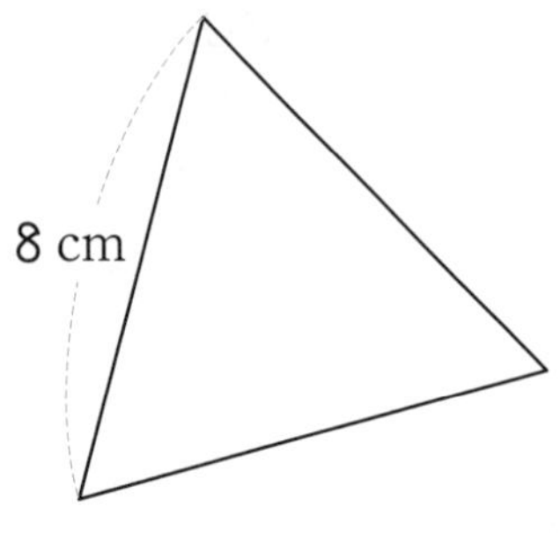

(　　　　　　　　)

3 다음 그림 위에 원의 반지름을 두 변으로 하는 정삼각형을 그려 보세요.

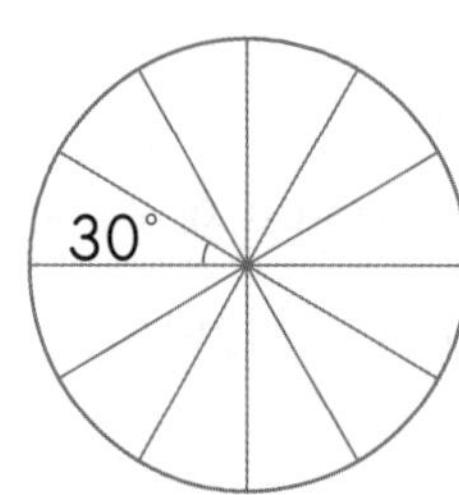

4 길이가 63 cm인 철사를 모두 사용하여 정삼각형을 만들려고 합니다. 정삼각형의 한 변의 길이는 몇 cm일까요?

(　　　　　　　　)

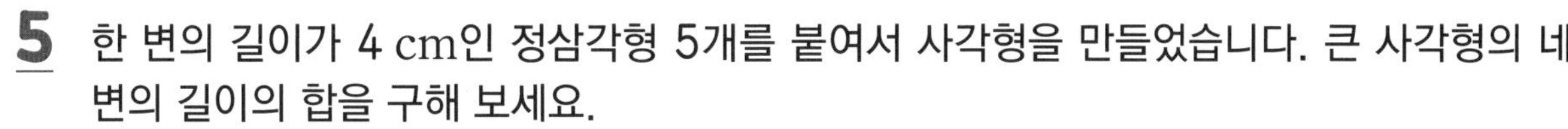

5 한 변의 길이가 4 cm인 정삼각형 5개를 붙여서 사각형을 만들었습니다. 큰 사각형의 네 변의 길이의 합을 구해 보세요.

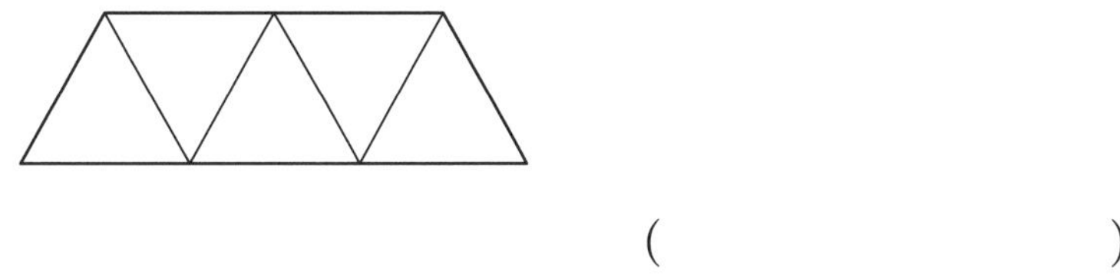

( )

6 사각형 ㄱㄴㄷㄹ은 정삼각형 2개를 겹치지 않게 이어 붙인 것입니다. 각 ㄴㄷㄹ의 크기를 구해 보세요.

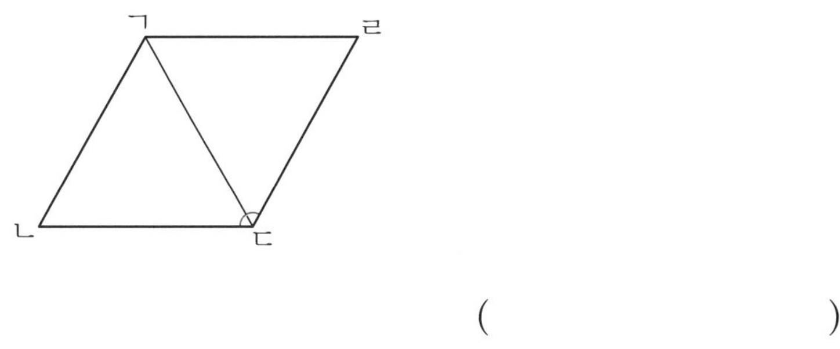

( )

step 4 도전 문제

7 다음 도형에서 찾을 수 있는 크고 작은 정삼각형은 모두 몇 개인지 구해 보세요.

( )

8 가을이는 가지고 있는 끈을 모두 사용하여 짧은 두 변의 길이가 각각 7 cm이고, 긴 변의 길이가 10 cm인 이등변삼각형을 만들었습니다. 같은 끈을 모두 사용하여 정삼각형을 한 개 만든다면, 이 정삼각형의 한 변의 길이는 몇 cm일까요?

( )

정삼각형을 그리는 방법

유클리드*는 점, 선, 면을 시작으로 삼각형, 사각형, 원, 각도 등을 정의한 사람이다. 유클리드 덕분에 삼각형의 특성이 정확하게 밝혀지기도 했다. 어느 날 유클리드는 파피루스*에 뭔가 열심히 적고 있었다. 흡족한 표정으로 자신이 쓴 것을 보다가 곧 자리를 박차고 일어나 집을 나섰다. 제자에게 문제를 내기 위해 왕궁으로 가려는 것이었다.

▲ 유클리드

'정삼각형을 그리시오.'

문제를 받아 든 제자는 심각한 표정을 지었다. 이 제자는 평범한 사람이 아니었다. 바로 이집트의 왕 프톨레마이오스 Ⅰ세 소테르였다.

"정삼각형이라면 똑같은 선분을 가진 삼각형이 아닌가. 똑같은 길이로 삼각형을 그리면 되잖소." 왕이 말했다.

"그렇습니다. 한번 해 보시지요."

왕은 이렇게도 그려 보고 저렇게도 그려 봤지만 정삼각형을 그리는 것은 생각보다 어려웠다. 유클리드가 여러 힌트를 주었음에도 왕은 정삼각형을 그리지 못했다.

유클리드는 왕에게 직접 문제를 풀어 주었다.

"전하, 이 문제는 아주 쉽습니다. 먼저 한 점을 중심으로 원을 그립니다. 그리고 원 위의 아무 점에서 같은 크기로 중심을 지나는 원을 하나 더 그려 보십시오. 그리고 두 원이 만나는 두 점과 각 원의 중심을 연결하면 세 변이 모두 원의 반지름인 정삼각형이 되는 것이지요."

왕은 고개를 끄덕이며 유클리드에게 물었다.

"그런데 이보다 더 쉬운 방법은 없는 거요?"

이에 유클리드는 다음과 같이 말했다.

"전하, 기하학*에는 왕도*가 없습니다."

* **유클리드**: 기원전 325년경~기원전 275년경에 살았던 고대 그리스의 수학자로 그리스의 수학 발전에 큰 도움을 주었다. 황제 프톨레마이오스 1세 소테르의 부탁으로 세계 최초의 대학이자 도서관, 박물관인 알렉산드리아 대학에서 끊임없이 공부한 결과 정수론과 기하학을 체계적으로 정리한 『기하학 원론』을 썼다.
* **파피루스**: 이집트 나일강변에서 자라는 식물 파피루스로 만든 종이
* **기하학**: 공간에 있는 도형의 성질, 크기, 모양, 위치 등을 연구하는 수학의 한 분야
* **왕도**: 어떤 어려운 일을 하기 위한 쉬운 방법

1 유클리드가 설명한 방법으로 정삼각형을 그려 보세요.

2 문제 1에서 그린 정삼각형의 한 변의 길이는 원의 무엇의 길이와 같을까요?

( )

3 다음 중 정삼각형에 관한 설명이 아닌 것은? ( )

① 삼각형을 반으로 접으면 완전히 겹쳐진다.
② 세 변의 길이가 모두 같다.
③ 두 각의 크기만 같다.
④ 한 변의 길이가 주어지면 만들어지는 정삼각형은 크기가 모두 같다.
⑤ 세 각의 크기가 모두 60°로 같다.

4 각도기와 컴퍼스를 사용하여 유클리드와 다른 방법으로 정삼각형을 그려 보세요.

5 '기하학에 왕도가 없다.'는 말의 의미는? ( )

① 기하학은 익히기 쉬운 학문이라는 의미이다.
② 기하학은 왕들만 공부할 수 있는 학문이라는 의미이다.
③ 기하학은 쉬운 길이 따로 없어 매일 열심히 배우고 익혀야 한다는 의미이다.
④ 기하학을 쉽게 익히는 방법이 따로 있다는 의미이다.
⑤ 기하학은 왕들도 어려워할 학문이라는 의미이다.

08 삼각형

각으로 삼각형 분류하기

step 1 30초 개념

- 예각삼각형: 세 각이 모두 예각인 삼각형
- 직각삼각형: 한 각이 직각인 삼각형
- 둔각삼각형: 한 각이 둔각인 삼각형

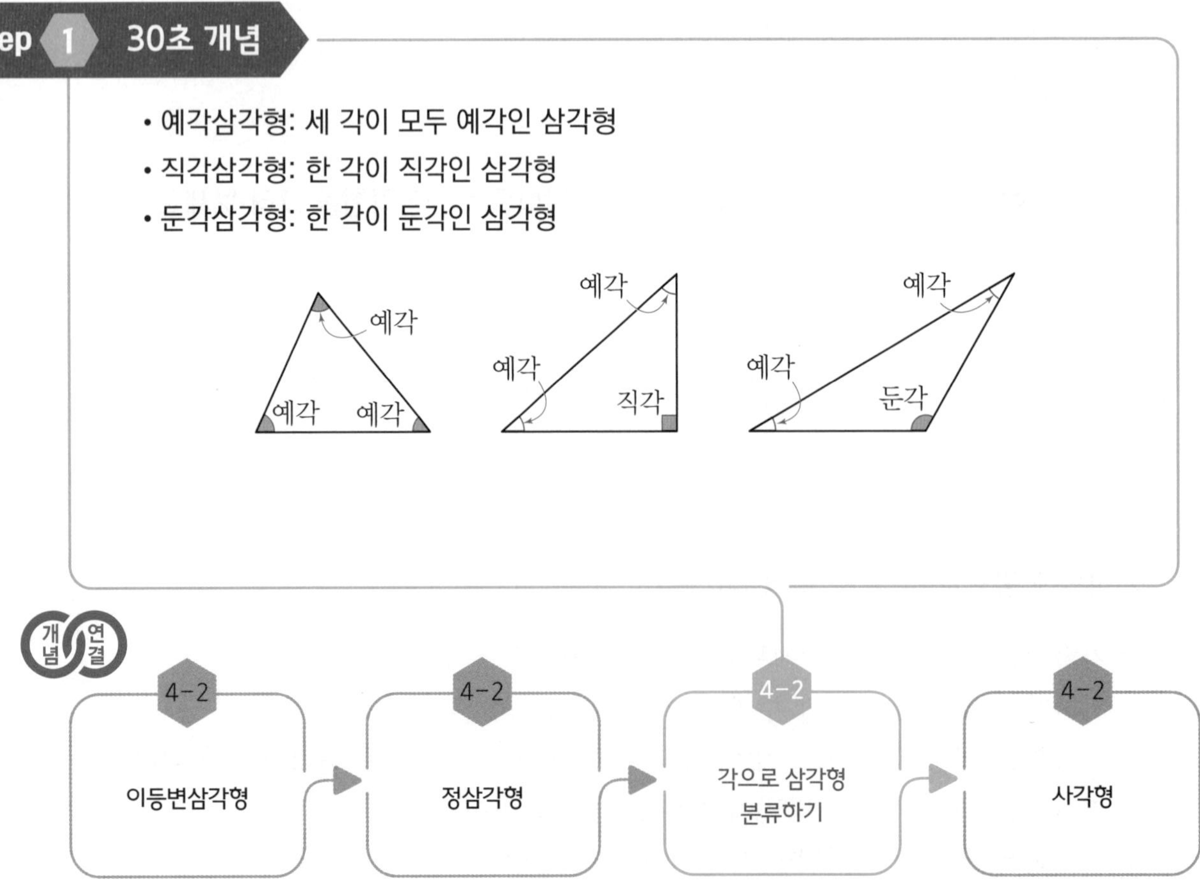

step 2 설명하기

질문 ❶ 직각삼각형에서 직각이 아닌 다른 두 각은 예각임을 설명해 보세요.

설명하기 〉 직각삼각형에는 직각이 하나뿐이고 나머지 두 각은 예각입니다. 직각이 2개이면 그 둘만 더해도 180°가 되므로, 여기에 나머지 한 각의 크기를 더하면 삼각형의 세 각의 크기의 합인 180°보다 커지기 때문입니다.

둔각삼각형에서도 둔각이 아닌 다른 두 각은 예각입니다.
둔각삼각형에서 둔각이 아닌 다른 두 각 중 하나라도 예각이 아닌 직각이나 둔각이면 삼각형의 세각의 크기의 합이 180°보다 커지기 때문입니다.
한편, 직각삼각형과 달리 직각이 하나뿐인 사각형은 직사각형이 아닙니다.

질문 ❷ 모든 삼각형에는 예각이 적어도 2개가 있음을 설명해 보세요.

설명하기 〉 예각삼각형은 세 각이 모두 예각입니다.
직각삼각형은 한 각이 직각이고 나머지 두 각은 예각입니다.
둔각삼각형은 한 각이 둔각이고 나머지 두 각은 예각입니다.
예각이 하나뿐이거나 예각이 하나도 없는 삼각형은 없습니다.

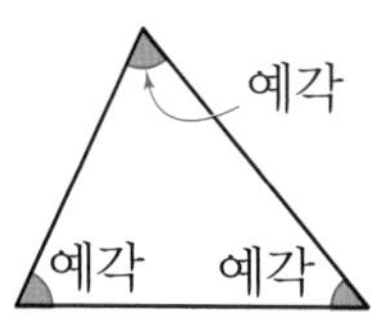

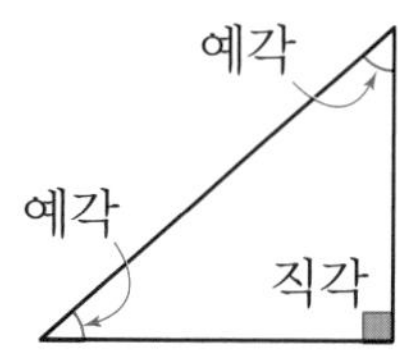

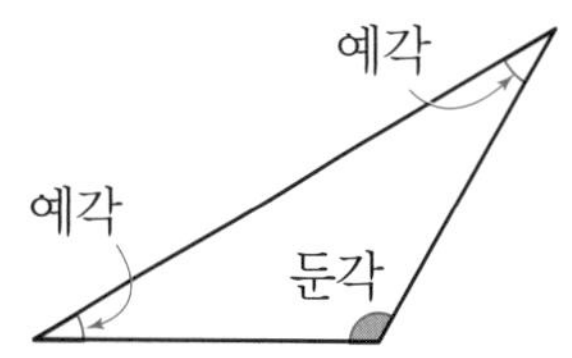

1 ( ) 안에 예각삼각형은 '예', 둔각삼각형은 '둔', 직각삼각형은 '직'이라고 써 보세요.

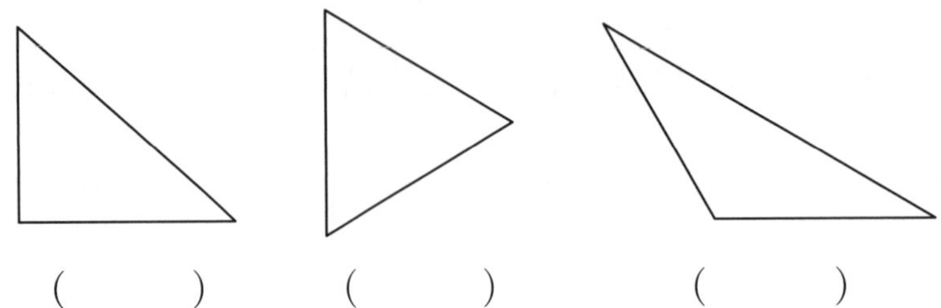

( ) ( ) ( )

2 삼각형의 세 각 중 두 각의 크기를 나타낸 것입니다. 물음에 답하세요.

㉠ 30°, 60°	㉡ 50°, 80°	㉢ 30°, 40°
㉣ 45°, 45°	㉤ 60°, 60°	㉥ 40°, 40°

(1) 예각삼각형을 모두 찾아 기호를 써 보세요. ( )

(2) 직각삼각형을 모두 찾아 기호를 써 보세요. ( )

(3) 둔각삼각형을 모두 찾아 기호를 써 보세요. ( )

3 예각삼각형 1개와 둔각삼각형 1개를 그려 보세요.

4 다음 삼각형에 대한 설명에서 잘못된 부분을 찾아 바르게 고쳐 보세요.

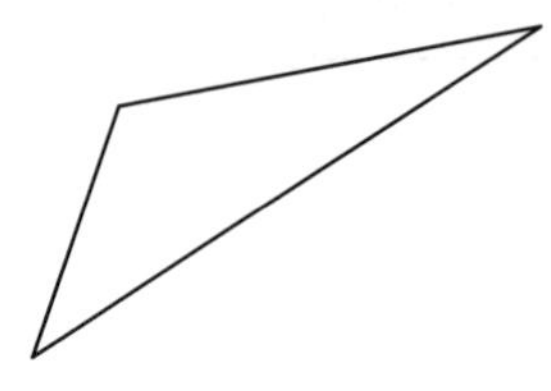

이 삼각형은 예각이 2개이므로 예각삼각형입니다.

➡

5 점 ㄱ을 오른쪽으로 한 칸 옮기면 어떤 삼각형이 될까요?

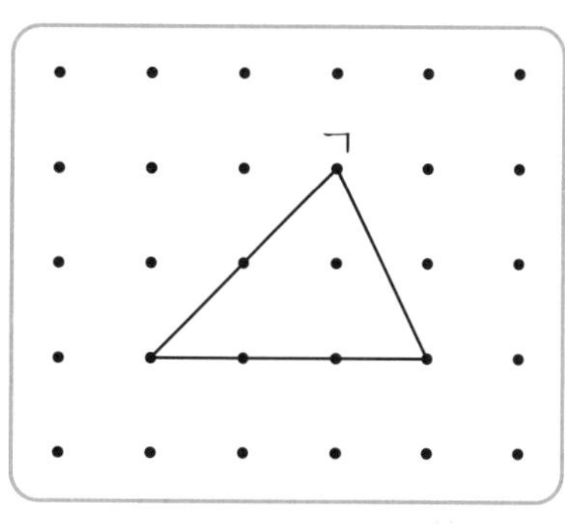

(　　　　　　　　)

6 주어진 삼각형을 선을 따라 잘랐을 때 만들어지는 예각삼각형과 둔각삼각형은 각각 몇 개일까요?

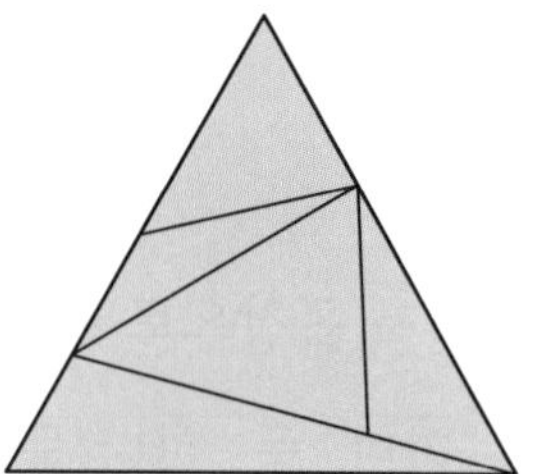

예각삼각형 (　　　　　　　　)
둔각삼각형 (　　　　　　　　)

step 4 도전 문제

7 다음 삼각형에 선분 2개를 그어 예각삼각형 1개, 둔각삼각형 1개, 직각삼각형 1개를 만들어 보세요.

8 다음 그림에서 찾을 수 있는 크고 작은 예각삼각형은 모두 몇 개일까요?

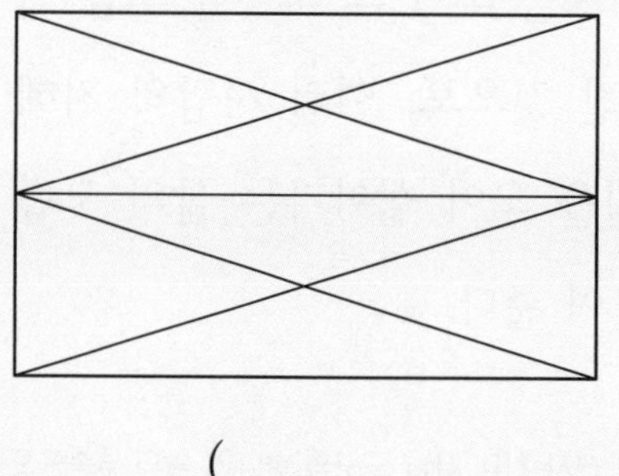

(　　　　　　　　)

청동기 시대의 모습

모야네 마을에 아침이 밝았다. 마을 사람들은 따스한 햇살 아래 각자 맡은 일을 하며 평화로운 아침을 보내고 있다. 모야는 오늘도 아버지를 따라 마을 사람들과 함께 무술 연습을 하러 간다. 다른 부족들이 쳐들어왔을 때 마을을 지키기 위해서 무술을 연마하는 것이다.

마을의 남자들이 모이자 나무 막대 끝에 석촉*을 달아 화살을 만들고, 돌칼과 돌창으로 훈련을 시작한다.

▲ 석촉

먼저 돌창으로 찌르기 연습을 한다.

“하나, 둘, 하나 둘!”

마을 지도자의 구령에 따라 모두 땀이 날 정도로 연습을 반복한다. 마을 지도자는 마을에서 힘이 가장 강한 사람으로, 마을에서는 유일하게 몸에 청동으로 만든 장신구를 걸치고 다닌다. 또한 청동 도구를 이용하여 제사를 지내기도 한다.

아버지와 모야가 훈련하는 동안 어머니는 마을의 여자 어른들과 함께 벼를 수확한다. 벼를 수확하러 갈 때는 삼각형 돌칼을 꼭 챙겨야 한다. 반달 돌칼보다 좀 더 날카로워서 훨씬 유용하기 때문이다. 이는 마을 사람들의 지혜를 모아 그 모형을 조금 변형시킨 것으로, 여러 사람의 지혜와 힘을 모아 살아가는 삶의 모습을 보여 준다.

▲ 삼각형 돌칼과 사용방법

* **석촉**: 선사 시대 사냥 도구의 하나인 활의 부속품으로서 화살의 머리에 붙였던 날카로운 돌. 한반도에서는 신석기 시대부터 초기 철기 시대에 이르기까지 오랜 기간 사용되었다.

1 다음 중 이야기 속 시대에 대한 설명으로 옳지 않은 것은? (   )

① 마을 사람들이 함께 모여 산다.
② 벼농사를 짓는다.
③ 농사를 짓기 위해서 돌칼을 사용한다.
④ 마을의 지도자가 있고, 지도자를 중심으로 마을 생활이 이루어진다.
⑤ 사냥과 채집 생활을 중요하게 생각한다.

2 마을 지도자에 대한 설명으로 옳지 않은 것은? (   )

① 마을을 대표하는 사람이다.
② 청동 도구를 장신구로 사용하는 유일한 사람이다.
③ 농사를 지을 때 청동 농기구를 사용하는 방법을 알려 준다.
④ 제사를 지낼 때 청동 도구를 사용한다.
⑤ 마을을 대표하여 제사를 지낸다.

3 석촉은 삼각형을 각으로 분류할 때 어떤 삼각형일까요?

(   )

4 삼각형 돌칼은 삼각형을 각으로 분류할 때 어떤 삼각형일까요?

(   )

5 석촉과 삼각형 돌칼의 모양이 서로 어떻게 다른지 설명해 보세요.

설명

09 소수 두 자리 수와 소수 세 자리 수

소수의 덧셈과 뺄셈

step 1 30초 개념

- 소수 두 자리 수: 분수 $\frac{1}{100}$은 소수로 0.01이라 쓰고, 영 점 영일이라고 읽습니다.
- 소수 세 자리 수: 분수 $\frac{1}{1000}$은 소수로 0.001이라 쓰고, 영 점 영영일이라고 읽습니다.
  → 소수점 아래는 숫자만 읽어요.

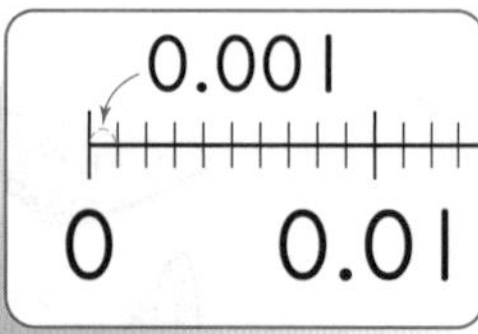

0 0.01 0.02 0.03 0.04 0.05 0.06 0.07 0.08 0.09 0.1

개념 연결

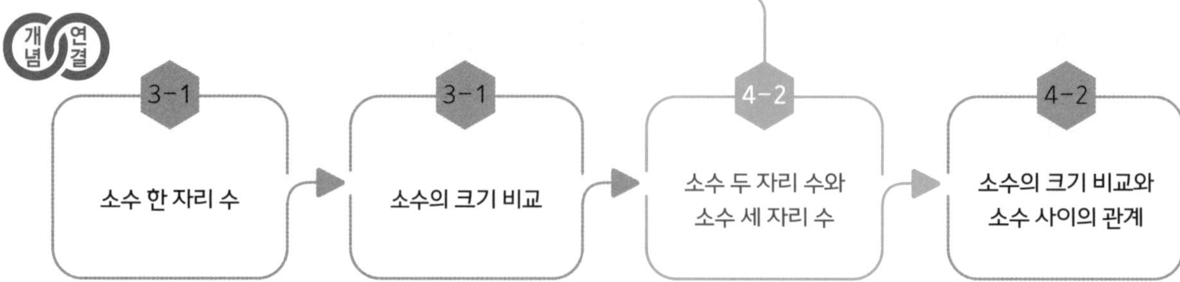

질문 ❶ 1.23의 각 자리의 수는 얼마를 나타내는지 설명해 보세요.

설명하기 1.23의 각 자리의 수는 다음과 같습니다.

일의 자리		소수 첫째 자리	소수 둘째 자리
1	.		
0	.	2	
0	.	0	3

1.23에서 1은 일의 자리 숫자이고, 1을 나타냅니다.
2는 소수 첫째 자리 숫자이고, 0.2를 나타냅니다.
3은 소수 둘째 자리 숫자이고, 0.03을 나타냅니다.

질문 ❷ 0.489보다 0.001, 0.01, 0.1만큼 큰 수와 작은 수를 모두 써 보세요.

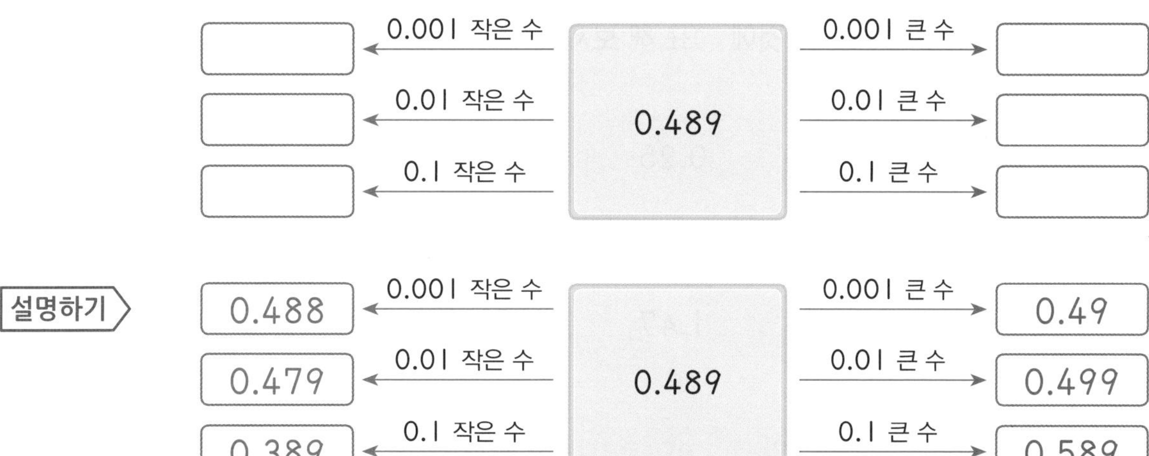

1 모눈종이 전체 크기가 1일 때, 색칠된 부분의 크기를 분수와 소수로 나타내어 보세요.

(1)

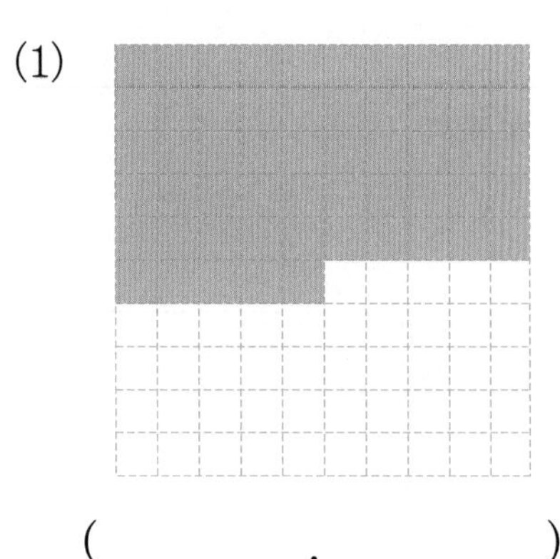

(,)

(2)

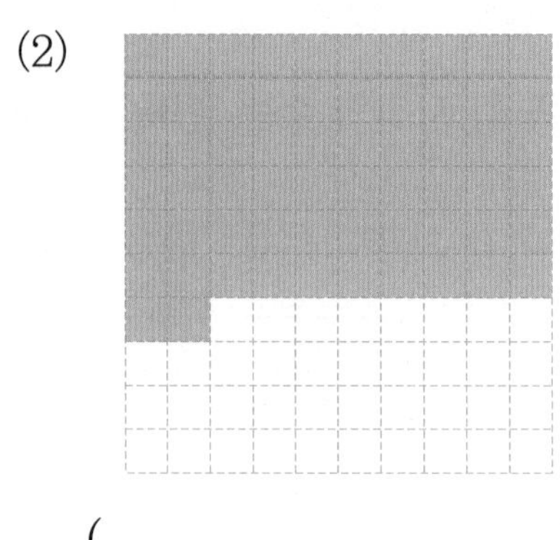

(,)

2 □ 안에 알맞은 수를 써넣으세요.

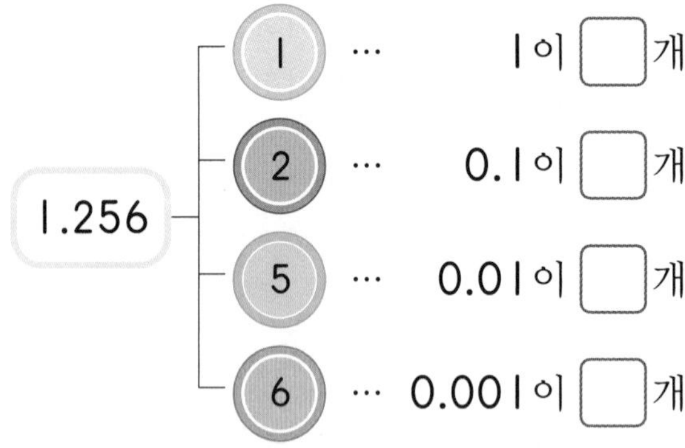

3 분수를 소수로 알맞게 나타낸 것에 ○표 해 보세요.

(1) $\frac{25}{100}$ ➡ 0.25 2.5

(2) $1\frac{47}{1000}$ ➡ 1.47 1.047

4 밑줄 친 숫자가 나타내는 수를 써 보세요.

(1) 7.<u>1</u>24 ➡ ( ) (2) 6.01<u>2</u> ➡ ( )

(3) 10.2<u>3</u>4 ➡ ( )

5 소수를 보기 와 같이 나타내어 보세요.

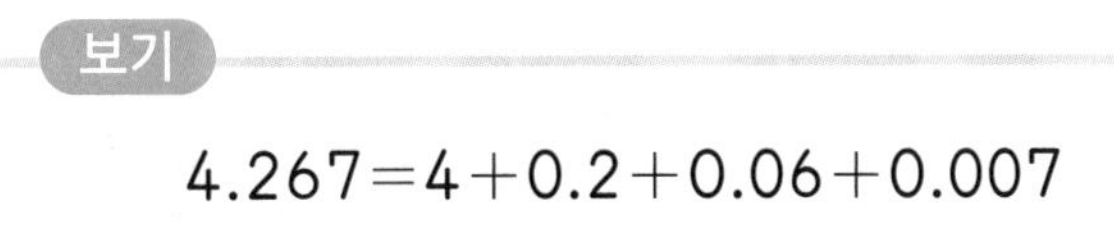
보기

4.267=4+0.2+0.06+0.007

2.896=

6 □ 안에 알맞은 소수를 써넣으세요.

(1)

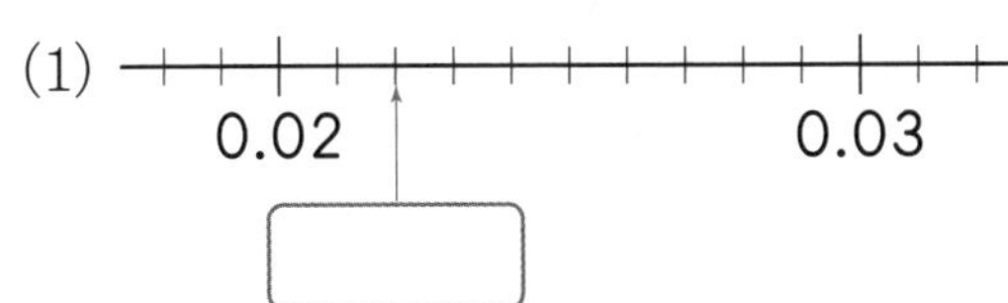

(2)

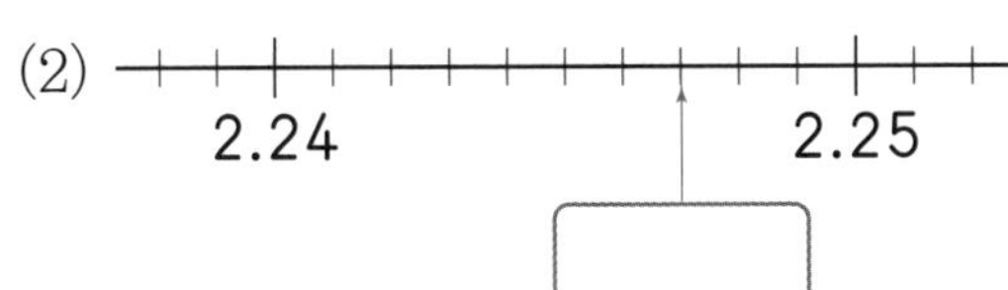

step 4 도전 문제

7 다음 중 7이 나타내는 수가 0.007인 소수를 모두 찾아보세요. (　　　　　)

① 0.785　　② 0.137　　③ 3.72

④ 5.037　　⑤ 30.57

8 m를 km로 나타내려고 합니다. □ 안에 알맞은 수를 써넣으세요.

42 km 195m

=42 km+□m+□m+□m

=42 km+□km+□km+□km

=□km

제 1회 마라톤대회

2023. 12. 10(일)
오전 9시 올림픽 주경기장 앞
MARATHON

[접수 기간] 2023. 9. 1. (금)~11. 25. (토)

[접수 방법]

www.marathon.co.kr

(온라인 참가 신청서 작성)

02－123－4567

010－1234－5678

[종목]

풀코스(42.195 km),

하프코스(21.0975 km)

10 km, 5 km

[참가비]

풀코스(42.195 km): 3만 원

하프코스(21.0975 km): 3만 원

10 km: 3만 원

5 km: 2만 원

1 다음 중 마라톤 대회에 대하여 안내되어 있지 않은 항목은? (   )

① 개최 날짜와 장소　　② 종목　　③ 접수 방법
④ 참가 인원　　⑤ 참가비

2 마라톤 대회의 종목 및 참가비에 대한 설명 중 옳은 것을 모두 고르세요.

㉠ 종목으로는 풀코스, 하프코스, 10 km, 5 km가 있다.
㉡ 종목에 상관없이 참가비는 모두 같다.
㉢ 종목에 따라 참가비가 조금 다르다.
㉣ 풀코스의 거리가 가장 길다.

(   )

3 마라톤 대회의 풀코스와 하프코스의 거리는 각각 몇 km인가요?

풀코스 (   )
하프코스 (   )

4 풀코스 거리에서 5는 소수 몇째 자리 숫자이고, 얼마를 나타내나요?

(,   )

5 풀코스와 하프코스의 거리를 분수로 나타내어 보세요.

풀코스 (   )
하프코스 (   )

소수의 크기 비교와 소수 사이의 관계

내가 더 긴
소수니까 내가
더 큰 소수야!

무슨 소리!
소수 둘째 자리가 더 큰
내가 더 큰 소수야!

소수 비교의
규칙이 중요하겠어.

step 1 30초 개념

- 소수의 크기를 비교하는 방법
  ① 1보다 큰 소수일 때는 자연수의 크기를 먼저 비교합니다.
  ② 자연수가 서로 같다면 소수 첫째 자리 수의 크기를 비교합니다.
  ③ 소수 첫째 자리 수가 같다면 소수 둘째 자리 수의 크기를 비교합니다.
  ④ 소수 첫째 자리와 소수 둘째 자리 수가 같다면 소수 셋째 자리 수의 크기를 비교합니다.

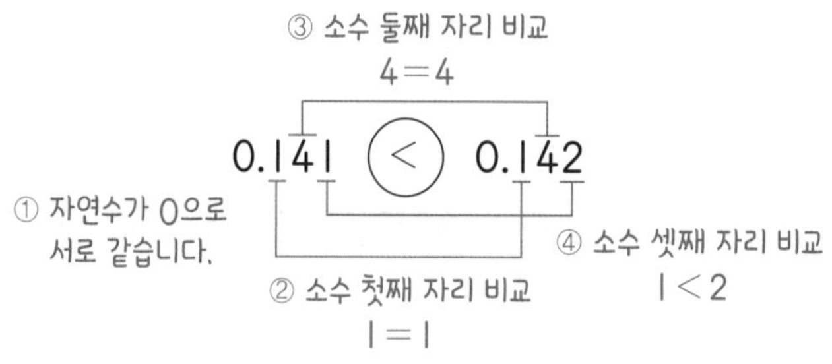

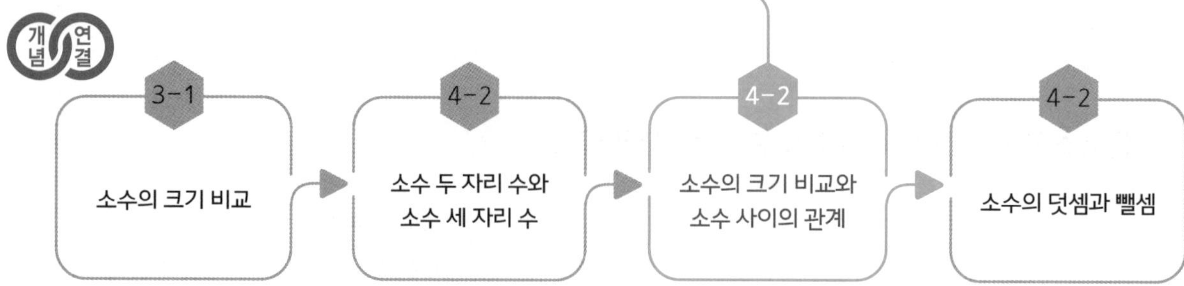

step 2 설명하기

질문 ❶ 수직선을 이용하여 0.39와 0.42의 크기를 비교해 보세요.

설명하기 0.39와 0.42를 수직선에 나타내면 0.39가 왼쪽에, 0.42가 오른쪽에 있으므로 0.42가 더 큽니다. 수직선에서는 오른쪽으로 갈수록 수가 커지기 때문입니다.

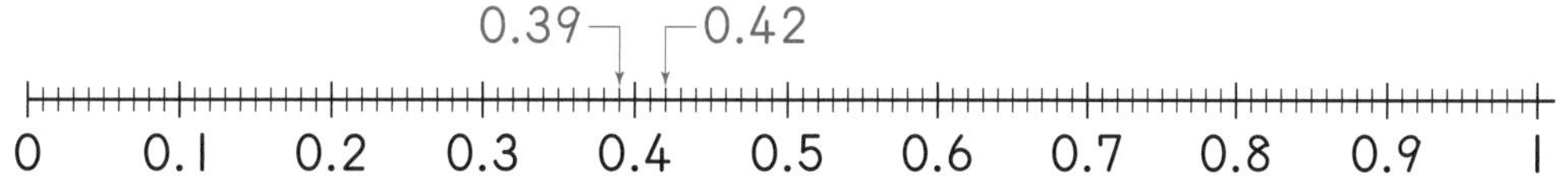

질문 ❷ □ 안에 알맞은 수를 써넣고, 1, 0.1, 0.01, 0.001 사이의 관계를 설명해 보세요.

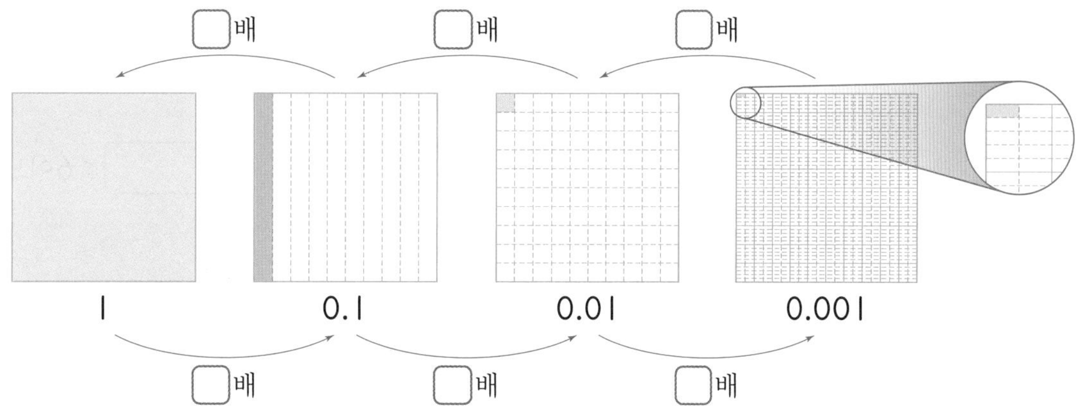

설명하기 소수를 $\frac{1}{10}$배 하면 소수점을 기준으로 수가 오른쪽으로 한 자리 이동하고, 소수를 10배 하면 소수점을 기준으로 수가 왼쪽으로 한 자리 이동합니다.

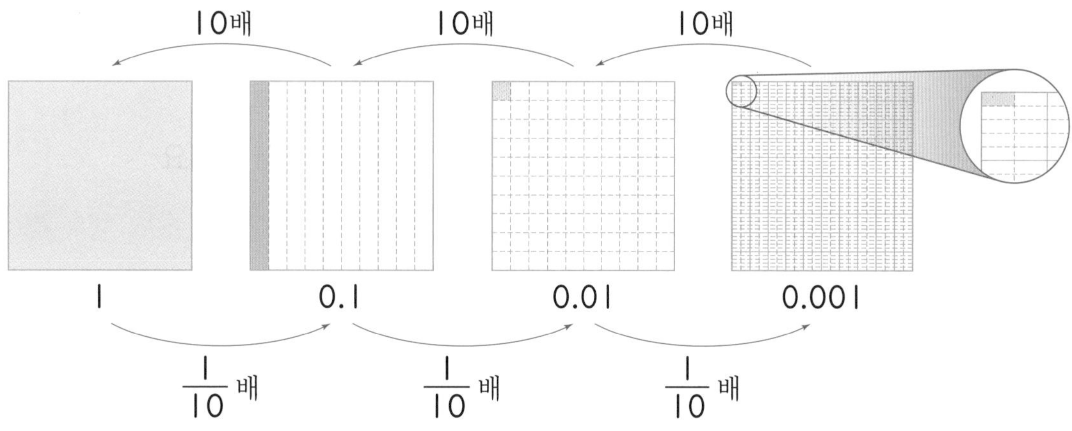

1 전체 크기가 1인 모눈종이에 두 소수를 나타내고 크기를 비교하여 ◯ 안에 >, =, <를 알맞게 써넣으세요.

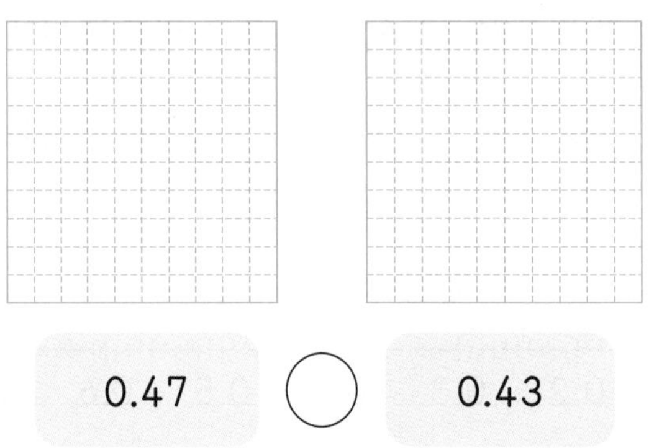

0.47 ◯ 0.43

2 □ 안에 알맞은 수나 말을 써넣으세요.

0.51 < 0.60

0.51과 0.60에서 소수 □ 자리 수의 크기를 비교하면 □ < 6이므로 □이 더 큽니다.

3 소수 사이의 관계를 나타낸 것입니다. 빈칸에 알맞은 수를 써넣으세요.

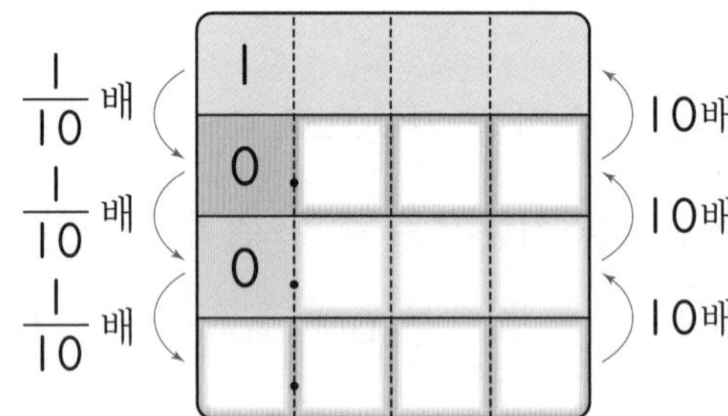

4 소수에서 생략할 수 있는 부분을 찾아 보기 와 같이 나타내어 보세요.

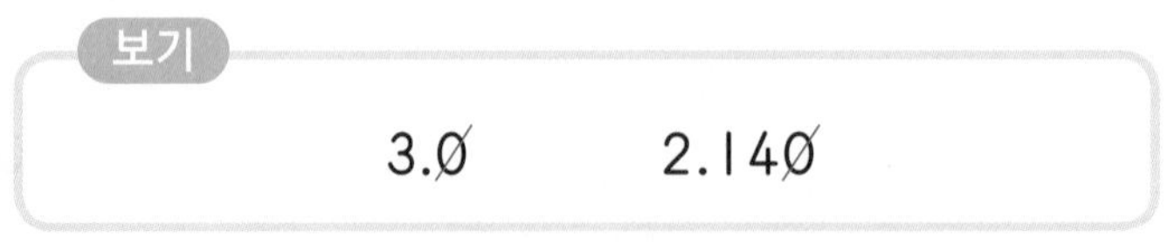

(1) 3.020 (2) 7.010 (3) 6.70

5 두 수의 크기를 비교하여 ◯ 안에 $>$, $=$, $<$를 알맞게 써넣으세요.

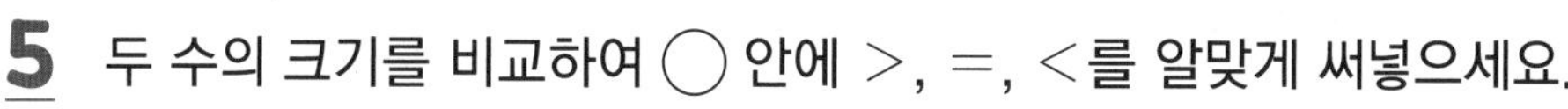

(1) 5.27 ◯ 5.29　　(2) 0.987 ◯ 0.988

(3) 12.319 ◯ 12.304　　(4) 10.001 ◯ 1.989

6 관계있는 것끼리 선으로 이어 보세요.

0.25의 10배 •	• 0.25
25 •	• 2.5
2.5의 $\frac{1}{10}$ •	• 0.25의 100배

step 4 도전 문제

7 가장 큰 수부터 차례로 써 보세요.

4.325　　4.29　　4.33　　4.321

8 조건을 모두 만족하는 소수 세 자리 수를 구해 보세요.

- 6보다 크고 7보다 작은 수입니다.
- 소수 첫째 자리 숫자는 4입니다.
- 일의 자리 숫자와 소수 둘째 자리 숫자의 합은 8입니다.
- 소수 셋째 자리 숫자는 소수 둘째 자리 숫자보다 3만큼 더 큽니다.

(　　　　　　　　)

체력을 길러야지!

오늘 학교에서 체력 검사를 했다. 오래달리기, 앉아서 윗몸 굽히기, 50 m 달리기, 제자리에서 멀리뛰기 등을 했다. 앉아서 윗몸 굽히기는 유연성 측정 검사이다. 앞으로 몸을 최대한 굽혀서 앞에 있는 판을 밀었더니 7.8 cm가 나왔다. 내 친구 민수는 8.3 cm, 지우는 7.3 cm를 밀었다.

그리고 다음으로는 순발력을 알아보는 50 m 달리기를 했다. 평소에도 달리기는 자신이 있었기 때문에 자신 있게 출발선에 섰다. '두근두근' 내 심장 소리가 들릴 만큼 무척이나 긴장되었다. '탕' 출발 소리와 함께 옆에 있는 친구들과 열심히 달렸다. 나는 8.82초가 나왔고, 민수는 9.72초, 지우는 8.89초를 기록했다.

제자리멀리뛰기도 했는데, 생각보다 쉽지 않았다. 출발점에서 손을 앞뒤로 마구 흔들다 몸의 반동을 이용해서 점프를 했다. 온 힘을 다해 뛰었는데 잘못하면 엉덩방아를 찧을 뻔했다. 엉덩방아를 찧으면 기록이 훨씬 줄어들기 때문에 뛰기 전부터 걱정이 되었는데 다행히 넘어지지 않았다. 출발선에서 내 발뒤꿈치까지의 거리는 147.7 cm였다. 민수는 147.1 cm라고 했고, 지우는 147.9 cm라고 했다.

이 외에 오래달리기도 하고, 오래매달리기, 윗몸 일으키기도 했는데 오래달리기를 하고는 너무 힘들어서 털썩 주저앉아 버렸다. 내 체력이 이렇게 약하다니! 충격이었다. 내년에 다시 체력을 측정한다고 하니 그 전까지 체력을 좀 더 길러야겠다는 생각이 들었다.

1 이 글에 나오지 않는 검사 종목은? (   )

① 오래달리기 ② 오래매달리기 ③ 100m 달리기
④ 윗몸 일으키기 ⑤ 제자리멀리뛰기

2 글을 읽고 □ 안에 알맞은 말을 써넣으세요.

글쓴이는 오늘 □□ 검사를 위해 오래달리기, 제자리멀리뛰기 등을 했다.

3 앉아서 윗몸 굽히기의 나, 민수, 지우의 기록을 비교하여 유연성이 가장 좋은 사람의 이름을 써 보세요.

(   )

4 나, 민수, 지우의 50 m 달리기의 기록을 비교하여 가장 빨리 달린 사람부터 순서대로 이름을 써 보세요.

(   )

5 나, 민수, 지우의 제자리멀리뛰기의 기록을 비교하여 가장 멀리 뛴 사람부터 순서대로 이름을 써 보세요.

(   )

step 1 30초 개념

• 소수의 덧셈을 세로로 계산하는 방법

① 소수점끼리 맞추어 세로로 쓰고 소수 둘째 자리부터 합을 구합니다.

② 소수 첫째 자리의 합을 구하고 일의 자리의 합을 구합니다.

소수 둘째 자리

		1	
	1.	6	7
+	0.	1	4
			1

소수 첫째 자리

		1	
	1.	6	7
+	0.	1	4
		8	1

일의 자리

		1	
	1.	6	7
+	0.	1	4
	1.	8	1

step 2 설명하기

질문 ❶ 수직선을 이용하여 0.82+0.2를 계산하고, 그 방법을 설명해 보세요.

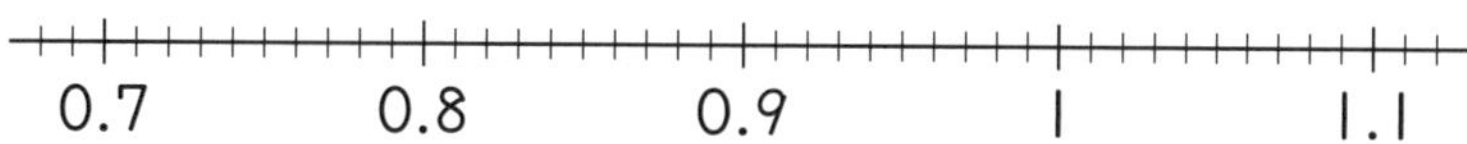

설명하기 ① 수직선에 0.82를 표시합니다.
② 0.82에서 0.1을 두 번 더 간 위치를 표시하면 1.02가 됩니다.
즉, 0.82+0.2=1.02입니다.

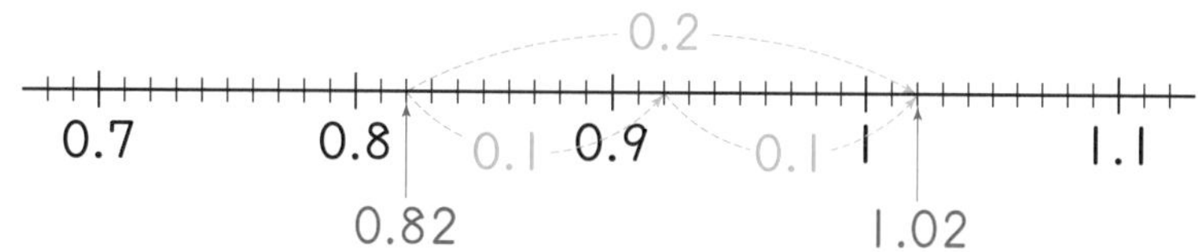

질문 ❷ 단위소수(0.01 또는 0.1)의 개수를 이용하여 0.71+1.5를 계산하고, 그 과정을 설명해 보세요.

설명하기 ① 0.71은 단위소수 0.01이 71개입니다.
② 1.5는 단위소수 0.1이 15개인데, 1.5와 0.71은 단위소수가 다릅니다.
③ 1.5는 단위소수 0.01이 150개인 것으로도 볼 수 있습니다.
④ 0.71+1.5는 단위소수 0.01이 221개이므로 2.21입니다.
즉, 0.71+1.5=2.21입니다.

1 수직선을 보고 □ 안에 알맞은 수를 써넣으세요.

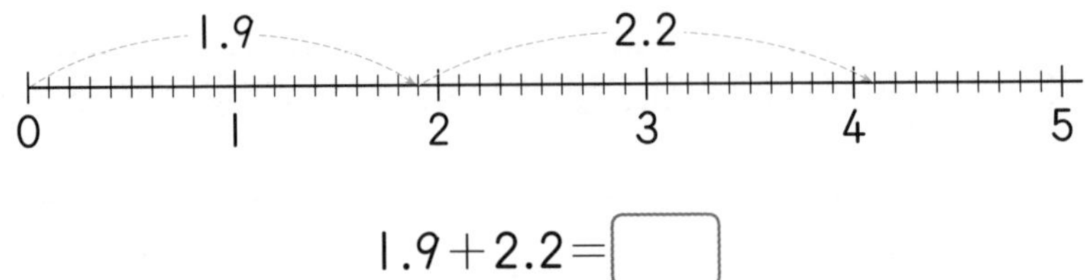

1.9+2.2=□

2 그림을 보고 □ 안에 알맞은 수를 써넣으세요.

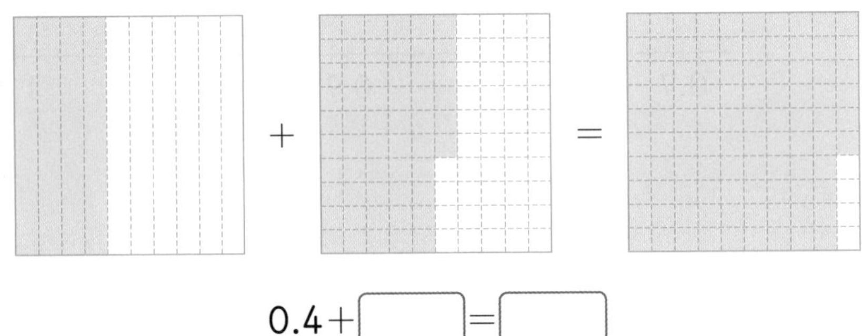

0.4+□=□

3 계산해 보세요.

(1)
$$\begin{array}{r} 2.53 \\ +\ 4.82 \\ \hline \end{array}$$

(2)
$$\begin{array}{r} 0.97 \\ +\ 1.3 \\ \hline \end{array}$$

(3) 0.17+0.51

(4) 1.63+4.1

4 빈칸에 알맞은 수를 써넣으세요.

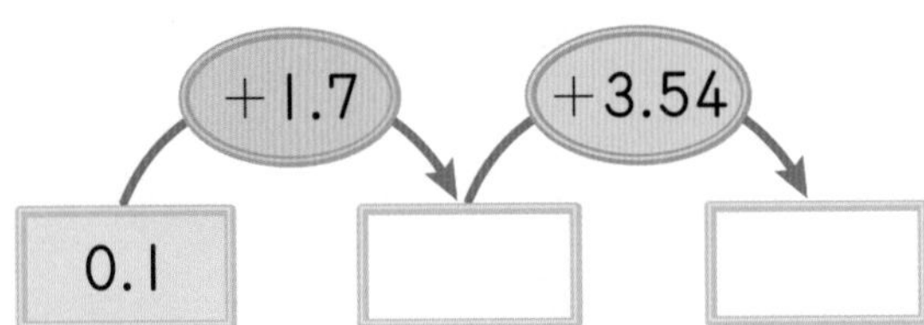

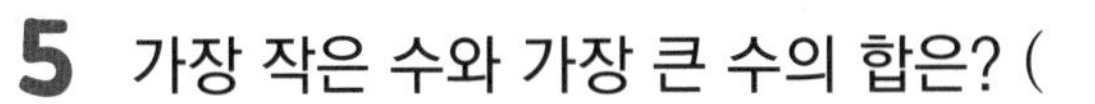

5 가장 작은 수와 가장 큰 수의 합은? (   )

0.4	1.23	0.15	5.39

① 5.34　② 5.52　③ 5.54　④ 5.67　⑤ 5.79

6 □ 안에 알맞은 수를 써넣으세요.

(1)
$$\begin{array}{r} 0.5\square \\ +\ 0.61 \\ \hline \square.15 \end{array}$$

(2)
$$\begin{array}{r} 3.23 \\ +\ 0.\square 4 \\ \hline \square.0\square \end{array}$$

step 4 도전 문제

7 0.1이 17개인 수와 0.01이 65개인 수의 합은 얼마인지 식을 쓰고 답을 구해 보세요.

식 ______________________

답 ______________________

8 주어진 수 카드를 한 번씩만 사용하여 만들 수 있는 가장 큰 소수 두 자리 수와 가장 작은 소수 한 자리 수의 합을 구하려고 합니다. □ 안에 알맞은 수를 써넣으세요.

8　5　0　4　3　9

□.□□+□.□=□

나의 꿈

나는 미래에 김연아 선수 같은 훌륭한 피겨 스케이팅* 선수가 되고 싶다. 김연아 선수는 우리나라에서 유일하게 피겨 스케이팅 금메달을 딴 선수이다. 2010년 밴쿠버 동계 올림픽에서 금메달을 땄다. 2014년 소치 동계 올림픽에서는 은메달을 따기도 했다. 피겨 스케이팅에서는 쇼트 프로그램*과 프리 스케이팅* 점수를 합산하여 총점을 구한다. 김연아 선수는 2010년 밴쿠버 동계 올림픽에서 쇼트 프로그램 78.50점, 프리 스케이팅 150.06점을 받았으며, 2014년 소치 동계 올림픽에서는 완벽에 가까운 경기를 펼치고도 쇼트 프로그램에서 74.92점, 프리 스케이팅에서 144.19점을 받아 2위에 그쳤다. 이때 많은 사람이 판정이 불공정하다고 생각했지만 김연아 선수는 결과를 그저 있는 그대로 받아들였다. 그간 열심히 노력한 시간을 생각하면 한없이 아쉬웠을 텐데도 은메달로 판정 났을 때 이를 담담히 받아들이는 모습이 매우 인상적이었다.

김연아 선수는 자신의 꿈을 이루기 위해서 하루도 게을리 보내지 않고 열심히 연습했다고 한다. 그리하여 12세에 대한민국 피겨 스케이팅 선수 최초로 트리플 점프 5종을 모두 완성했고, 전국 동계 체전 등 각종 국내 피겨 스케이팅 대회에서 우승했으며, 14세에는 국가 대표로 선발되었다. 데뷔 이후 참가한 모든 국제 대회에서 입상했고, 세계 신기록을 11번 경신했으며, 국제 대회에서 여자 싱글 선수 최초로 200점을 돌파하기도 했다.

나도 김연아 선수처럼 매일 꾸준히 연습하며 내 꿈을 위해 노력해야겠다.

▲ 내가 그린 김연아 선수

* **피겨 스케이팅**: 아이스 링크 위에서 음악에 맞추어 스케이팅 기술을 선보이는 스포츠. 피겨라는 명칭은 '빙판 위에서 도형을 그리듯이 움직이는 것'에서 유래했다.
* **쇼트 프로그램**: 쇼트 프로그램은 프리 스케이팅과 함께 여자 싱글에서 시행하는 프로그램으로, 2분 50초간의 짧은 시간 내에 자신의 기량을 보여야 한다.
* **프리 스케이팅**: 프리 스케이팅은 4분이라는 시간 동안 노래에 맞추어 자신의 기량을 보여야 한다. 쇼트 프로그램은 기술 위주인 반면 프리 스케이팅은 연기와 표현력을 중시한다.

1 다음 중 김연아 선수에 대한 설명으로 옳은 것은? (　　　　)

① 2010년과 2014년 두 올림픽에서 금메달을 받았다.
② 꿈을 이루기 위해 하루도 게을리 보내지 않고 열심히 연습했다.
③ 14세에 트리플 점프 5종을 모두 완성했다.
④ 15세에 국가 대표로 선발되었다.
⑤ 국제 대회에서 여자 싱글 선수 최초로 190점을 돌파했다.

2 피겨 스케이팅에서 점수를 구하는 방법을 설명해 보세요.

방법

3 밴쿠버 동계 올림픽에서 김연아 선수가 받은 총 점수는 얼마인지 식을 써서 구해 보세요.

식 ______________________

답 ______________

4 소치 동계 올림픽에서 김연아 선수가 받은 총 점수는 얼마인지 식을 써서 구해 보세요.

식 ______________________

답 ______________

5 김연아 선수는 2010년 밴쿠버 올림픽과 2014년 소치 올림픽 중 어느 올림픽에서 더 높은 점수를 받았을까요?

(　　　　　　　　　　)

소수의 뺄셈

step 1 30초 개념

• 소수의 뺄셈을 세로로 계산하는 방법

① 소수점끼리 맞추어 세로로 쓰고 소수 둘째 자리부터 차를 구합니다. 빼는 수가 더 큰 경우에는 소수 첫째 자리에서 받아내림을 합니다.

② 받아내림을 한 소수 첫째 자리의 차를 구하고 일의 자리의 차를 구합니다.

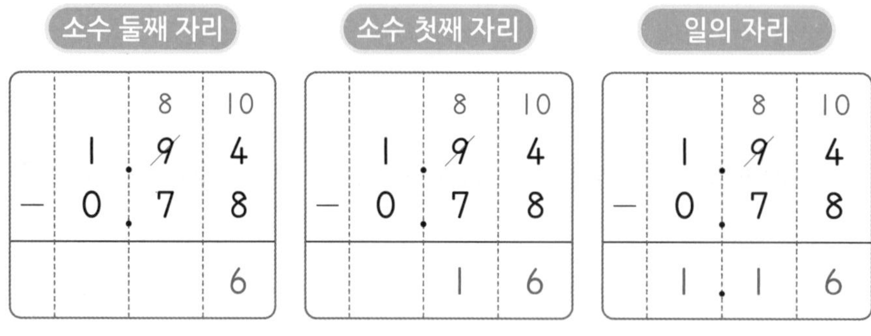

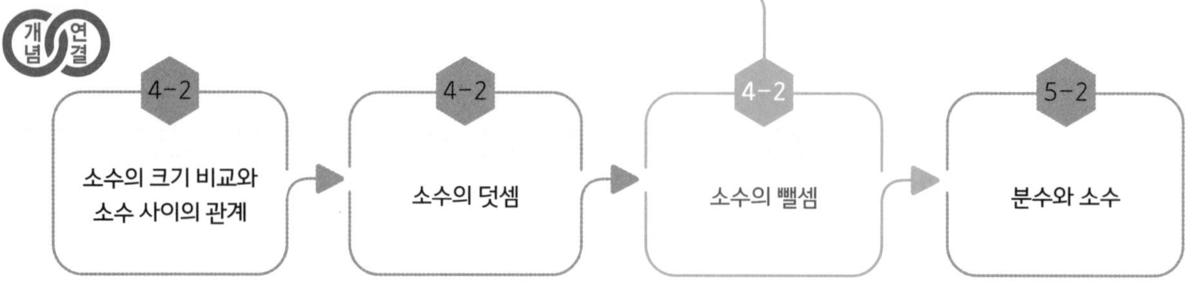

공부한 날 월 일

질문 ❶ 수직선을 이용하여 4.5－1.9를 계산하고, 그 과정을 설명해 보세요.

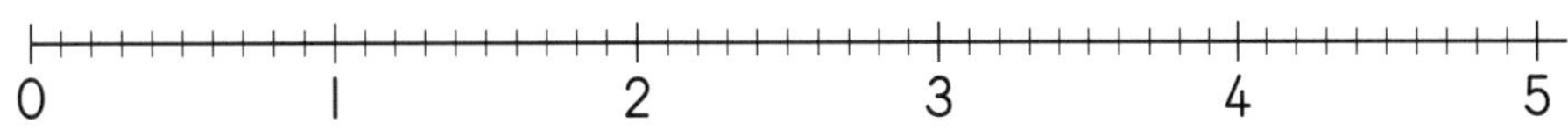

설명하기 ① 수직선에 4.5를 표시합니다.
② 4.5에서 1을 뺀 위치를 표시하고 여기에서 다시 0.9를 뺀 위치를 표시하면 2.6이 됩니다.
즉, 4.5－1.9＝2.6입니다.

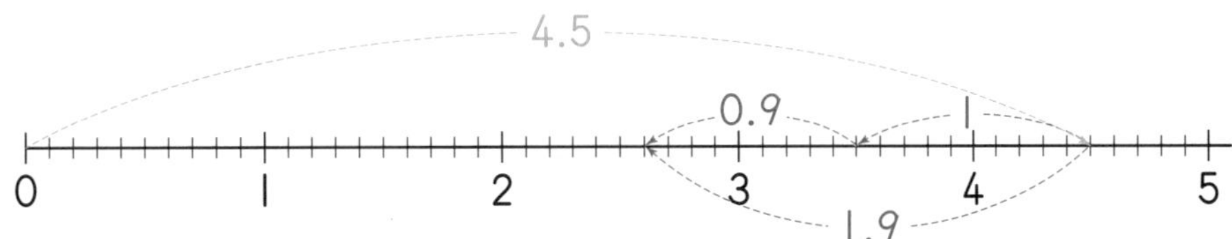

질문 ❷ 단위소수(0.01)의 개수를 이용하여 0.52－0.37을 계산하고, 그 과정을 설명해 보세요.

설명하기 ① 0.52는 단위소수 0.01이 52개입니다.
② 0.37은 단위소수 0.01이 37개입니다.
③ 0.52－0.37은 단위소수 0.01이 52－37＝15(개)이므로 0.15입니다.
즉, 0.52－0.37＝0.15입니다.

1 수직선을 보고 □ 안에 알맞은 수를 써넣으세요.

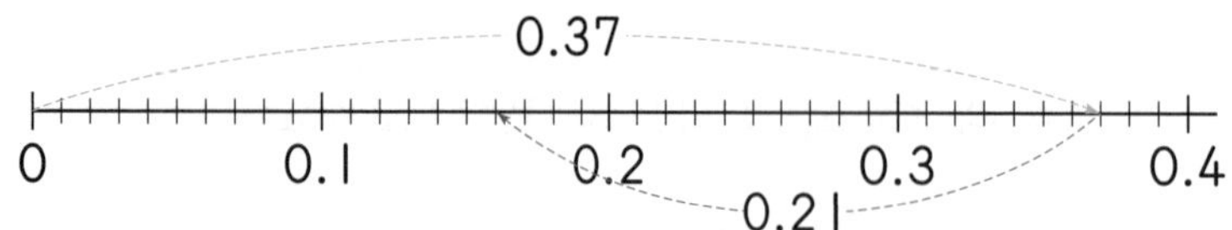

0.37－0.21＝□

2 계산 결과가 같은 것끼리 선으로 이어 보세요.

3.3－1.5 •	• 4.9－3.1
6.6－1.9 •	• 5.4－2.7
6.4－3.7 •	• 7.2－2.5

3 계산 결과를 비교하여 ○ 안에 >, =, <를 알맞게 써넣으세요.

(1) 6.2－2.4 ○ 8.7－5.8

(2) 19.6－15.9 ○ 5.8－2.1

4 계산해 보세요.

(1)
$$\begin{array}{r} 0.84 \\ -\ 0.56 \\ \hline \end{array}$$

(2)
$$\begin{array}{r} 6.23 \\ -\ 1.54 \\ \hline \end{array}$$

(3) 0.67－0.14

(4) 2.11－1.17

5 두 수를 골라 차가 가장 큰 식을 만들어 계산해 보세요.

6.1	5.3	1.9	9.2

식 ____________________

6 □ 안에 들어갈 두 수의 합은? (　　　　)

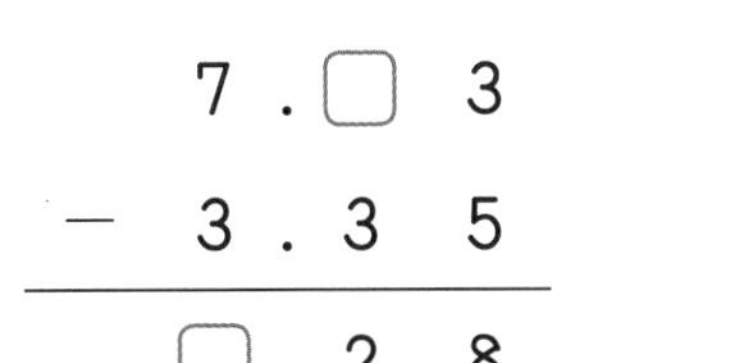

① 7　　② 8
③ 9　　④ 10
⑤ 11

7 계산이 잘못된 곳을 찾아 바르게 고쳐 계산해 보세요.

$$\begin{array}{r} 2.94 \\ -\ 1.56 \\ \hline 1.48 \end{array}$$

➡ 바른 계산

8 0부터 9까지의 수 중에서 □ 안에 들어갈 가장 작은 수를 구해 보세요.

6.1 − 2.65 < 3.□5

(　　　　)

9 다음은 비아산의 등산로를 나타낸 것입니다. 산 입구에서 약수터까지의 거리와 약수터에서 정상까지의 거리의 차이는 몇 km일까요?

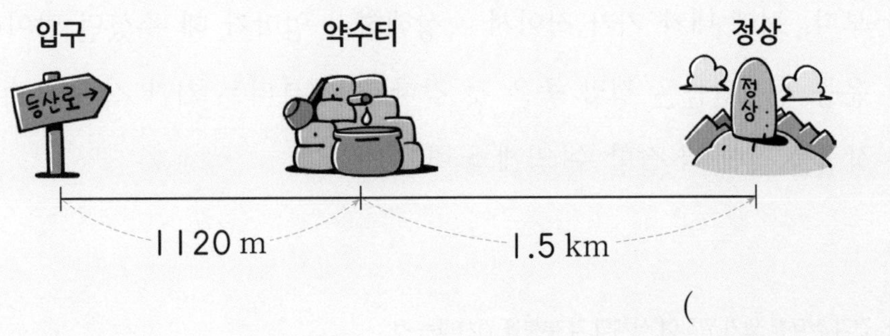

(　　　　)

작은 고추가 맵다!

학교에서 신체검사*를 했는데, 내 키가 122.6 cm가 나왔다. 창피하고 속상했다. 다른 친구들은 적어도 130 cm, 140 cm가 되는데 나는 왜 이렇게 작은 걸까? 나랑 제일 친한 친구인 주원이는 키가 138.9 cm라고 한다. 두 살 터울인 내 동생도 120.5 cm이다. 나와 큰 차이가 나지 않는다. 친구들도 말은 안 하지만 날 비웃는 것만 같아서 속상하다. 신체검사를 하는 내내 속상한 마음이 가시지 않았지만 다음 시간 체육 수업을 하러 강당으로 갔다.

체육 시간에 우리 반은 피구 게임을 했다. 우리 팀이 공을 피할 차례였다. 공이 이쪽저쪽에서 휙휙 날아왔다. 덩치 크고 키 큰 친구들이 하나둘씩 공에 맞아 아웃되었다.

마지막으로 키가 가장 작은 나만 남아 있었다. 나는 마지막 선수인 만큼 정말 열심히 공을 피했다. 키가 140 cm가 넘는 친구들이 힘껏 던진 공들도 슉슉 잘 피해 냈다. 평소에도 공을 잘 피하는 편이긴 했지만, 오늘따라 몸이 더 가볍게 느껴졌다.

"와~ 선우 잘한다!"

"선우 최고!"

친구들이 이런 말을 해 주었다. 기분이 정말 좋았다. 작은 고추가 맵다는 말은 이럴 때 쓰는 것인가 보다. 전에 내가 키가 작아서 속상해하자 엄마가 해 주셨던 말이다. 나는 비록 키는 작지만 운동 신경*만큼은 정말 좋은 것 같다. 이제부터는 키가 작다고 속상해하기보다 내가 잘하는 장점을 찾아 더 잘할 수 있게 노력할 것이다.

* **신체검사**: 건강 상태를 알기 위하여 신체의 각 부분을 검사하는 것
* **운동 신경**: 신체적인 운동을 얼마나 잘 소화하는지 정의하는 기준

1 선우가 속상해한 이유는 무엇인가요?

이유

2 '작은 고추가 맵다.'는 말의 의미는? (　　　　)

① 변변하지 못한 집안에서 훌륭한 인물이 나왔다.
② 내가 남에게 좋게 해야 남도 내게 잘한다.
③ 사람이나 사물을 겉만 보고는 판단할 수 없다.
④ 제 결점이 큰 줄 모르고 남의 작은 허물을 탓한다.
⑤ 힘을 다하고 정성을 다하여 한 일은 헛되지 않아 반드시 좋은 결과를 돌려준다.

3 선우와 주원이의 키 차이는 얼마인지 식을 세워 구해 보세요.

식 ______________________

답 ______________

4 선우와 동생의 키 차이는 얼마인지 식을 세워 구해 보세요.

식 ______________________

답 ______________

5 선우의 키가 140 cm가 되려면 앞으로 몇 cm가 더 자라야 할까요?

(　　　　　　　)

13 사각형

수직

step 1 30초 개념

- 두 직선이 만나서 이루는 각이 직각일 때, 두 직선은 서로 수직이라고 합니다.
- 두 직선이 서로 수직으로 만나면 한 직선을 다른 직선에 대한 수선이라고 합니다.

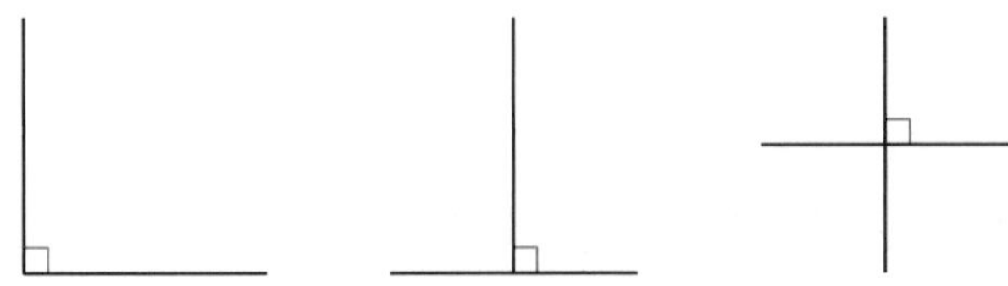

개념연결

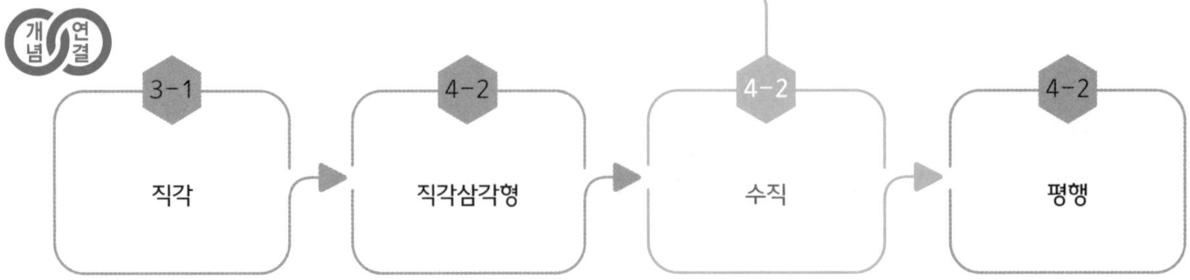

step 2 설명하기

질문 ❶ 삼각자를 사용하여 다음 직선에 대한 수선을 긋고, 그 방법을 설명해 보세요.

설명하기 ① 삼각자에서 직각을 낀 변 중 한 변을 주어진 직선에 맞춥니다.
② 직각을 낀 다른 한 변을 따라 선을 긋습니다.
③ 이때 두 직선이 서로 수직으로 만나므로 새로 그은 선은 주어진 직선에 대한 수선입니다.

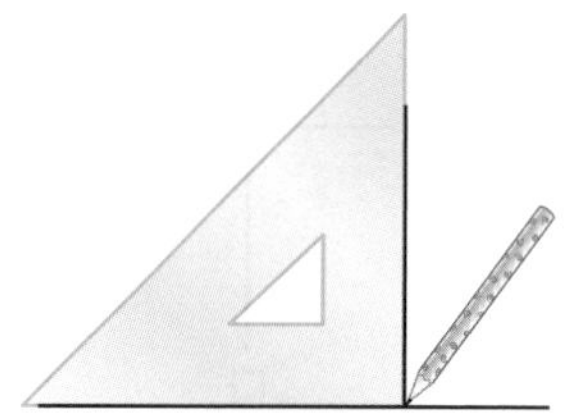

질문 ❷ 각도기를 사용하여 다음 직선에 대한 수선을 긋고, 그 방법을 설명해 보세요.

설명하기 ① 주어진 직선 위에 한 점 ㄱ을 표시합니다.
② 각도기의 중심을 점 ㄱ에 맞추고 각도기의 밑금을 주어진 직선에 맞춥니다.
③ 각도기에서 90°가 되는 눈금 위에 점 ㄴ을 찍습니다.
④ 점 ㄴ과 점 ㄱ을 직선으로 잇습니다.
⑤ 이때 생기는 각이 90°이므로 주어진 직선과 직선 ㄱㄴ은 서로 수직입니다.

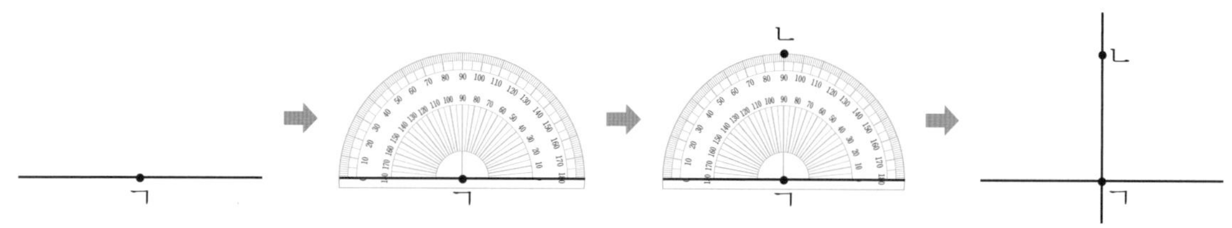

1 두 직선이 만나서 이루는 각이 직각인 곳을 모두 찾아 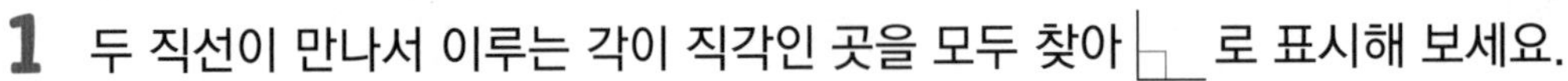 로 표시해 보세요.

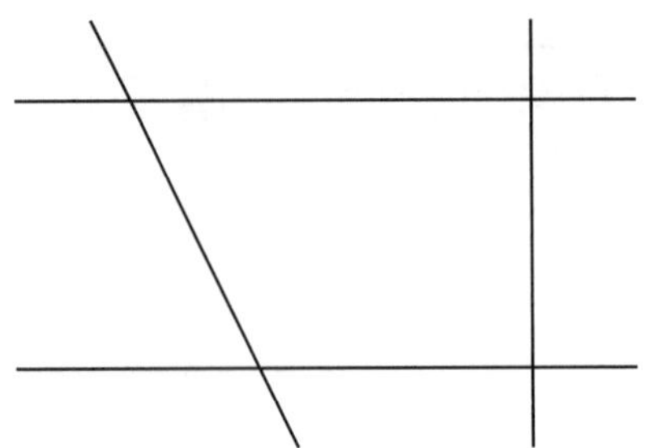

2 직선 가에 대한 수선을 찾아 기호를 써 보세요.

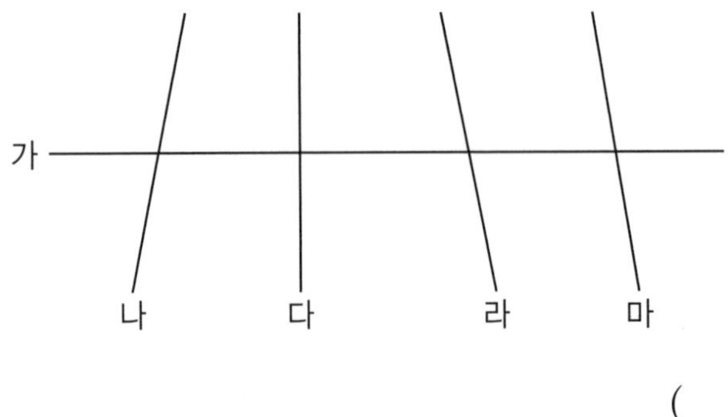

( )

3 삼각자를 사용하여 직선 가에 대한 수선을 바르게 그은 것을 찾아 ○표 해 보세요.

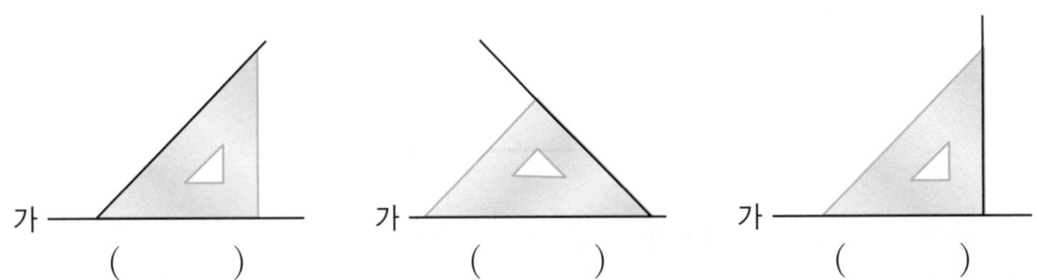

( ) ( ) ( )

4 선분에 대한 수선을 그려 보세요.

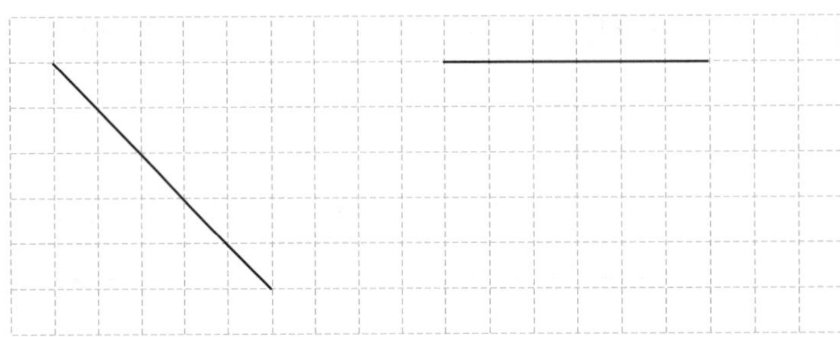

5 서로 수직인 변이 있는 도형을 모두 찾아 기호를 써 보세요.

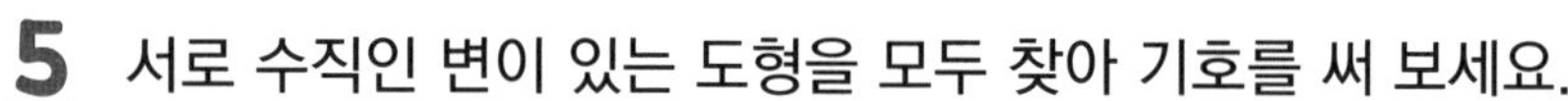

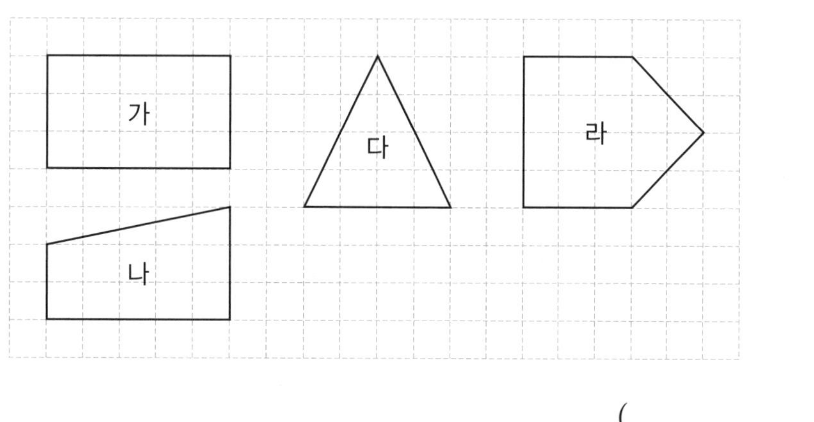

( )

6 직선 가에 대한 수선을 몇 개 그을 수 있을까요?

가

( )

step 4 도전 문제

7 직선 가에 대한 수선이 직선 나일 때 ㉠은 몇 도일까요?

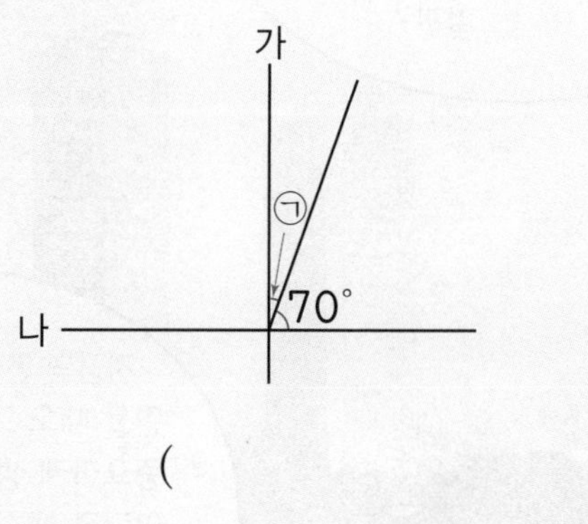

( )

8 다음 도형에서 변 ㄷㄹ에 대한 수선을 모두 써 보세요.

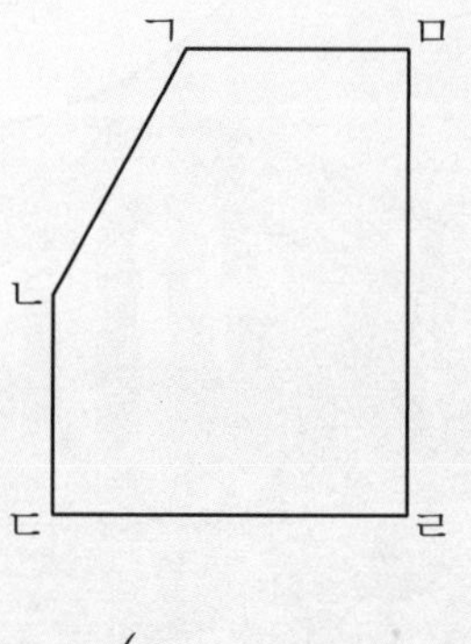

( )

건축 속 수학

* **수평기**: 면이 평평한가 아닌가를 재거나 기울기를 조사하는 데 쓰는 기구
* **신전**: 신을 모시고 예배를 보기 위해 세운 건물

1 수평기는 무엇을 확인하기 위해 사용하는 도구인가요?

____

2 두 사람은 어떤 건물을 짓는 방법에 대해 이야기하고 있나요? (　　　　)

① 신전　　② 빌딩　　③ 교회　　④ 성당　　⑤ 사원

3 글을 읽고 □ 안에 알맞은 말을 써넣으세요.

건물을 안전하게 지으려면 □□을 잘 맞추어야 한다.

4 두 사람이 이야기한 건물에서 수직을 이루어야 하는 부분은 어디와 어디인가요?

(　　　　　　　　)

5 다음 건물에서 주어진 직선에 대한 수선을 찾아 표시해 보세요.

14 사각형

평행과 평행선 사이의 거리

step 1 30초 개념

- 한 직선에 수직인 두 직선을 그었을 때, 그 두 직선은 서로 만나지 않습니다. 이와 같이 서로 만나지 않는 두 직선을 평행하다고 합니다. 이때 평행한 두 직선을 평행선이라고 합니다.
- 평행선의 한 직선에서 다른 직선에 수선을 긋습니다. 이때 이 수선의 길이를 평행선 사이의 거리라고 합니다.

평행선 사이의 거리

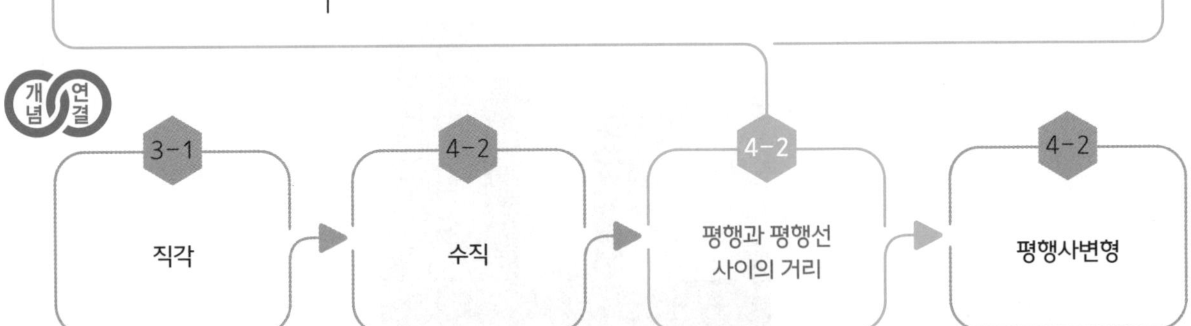

step 2 설명하기

질문 ❶ 삼각자를 사용하여 다음 직선과 평행한 직선을 긋고, 그 방법을 설명해 보세요.

설명하기 ① 삼각자 2개를 준비하여 한 삼각자를 고정하고 다른 삼각자를 그림과 같이 맞추어 한 직선을 그립니다.
② 왼쪽 삼각자를 고정하고 오른쪽 삼각자를 옮겨서 다른 직선을 그립니다.
③ 이때 그은 두 직선은 왼쪽 삼각자에 모두 수직이므로 서로 평행합니다.

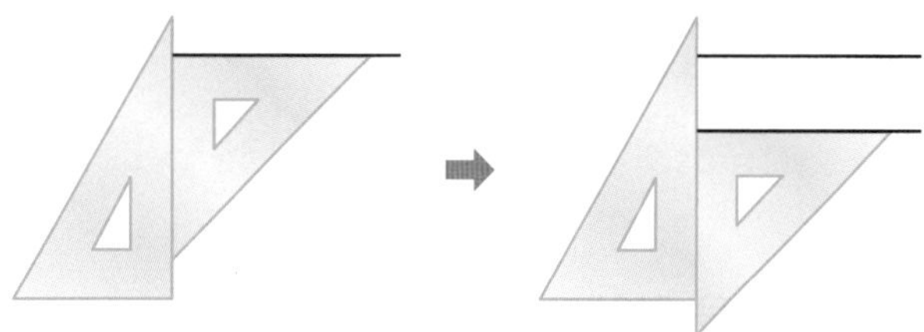

질문 ❷ 삼각자를 사용하여 평행선 사이의 거리를 재고, 그 방법을 설명해 보세요.

설명하기 ① 삼각자의 눈금과 평행선을 겹쳐 놓습니다.
② 평행선 사이의 거리를 읽으면 그 거리가 평행선 사이의 거리입니다.
③ 다음 그림에서 평행선 사이의 거리는 2 cm입니다.

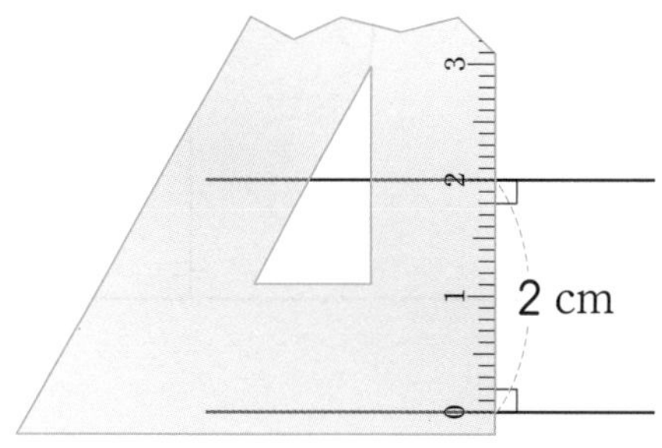

1 □ 안에 알맞은 말을 찾아 선으로 이어 보세요.

평행한 두 직선은 서로 □ •	• 만납니다.
평행한 두 직선을 □이라고 합니다. •	• 만나지 않습니다.
한 직선에 □인 두 직선은 서로 평행합니다. •	• 수직
	• 평행선
	• 수선

2 평행선이 가장 많은 도형을 찾아 ○표 해 보세요.

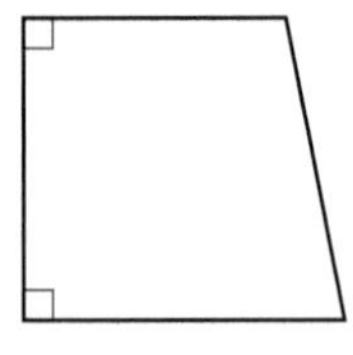
( )

( )

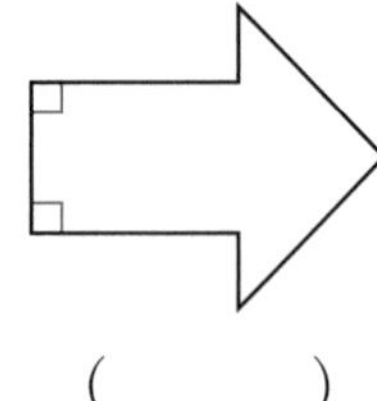
( )

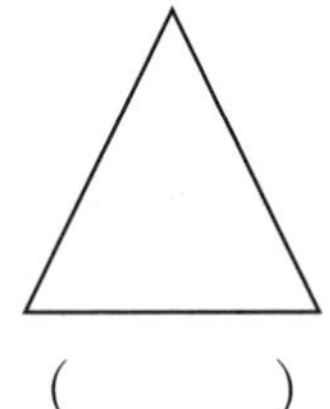
( )

3 평행선 사이의 거리를 나타내는 선분을 모두 찾아 기호를 써 보세요.

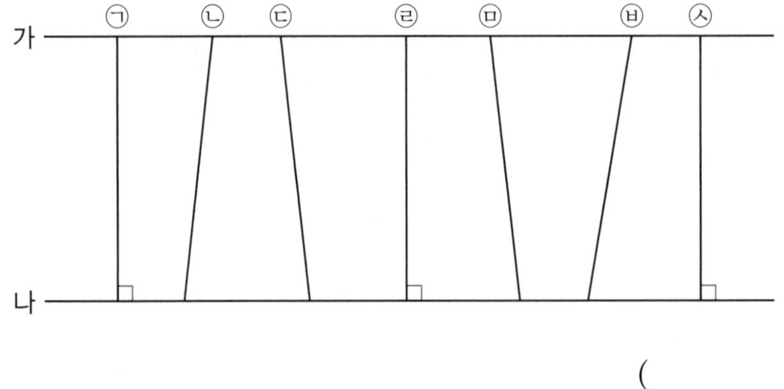

( )

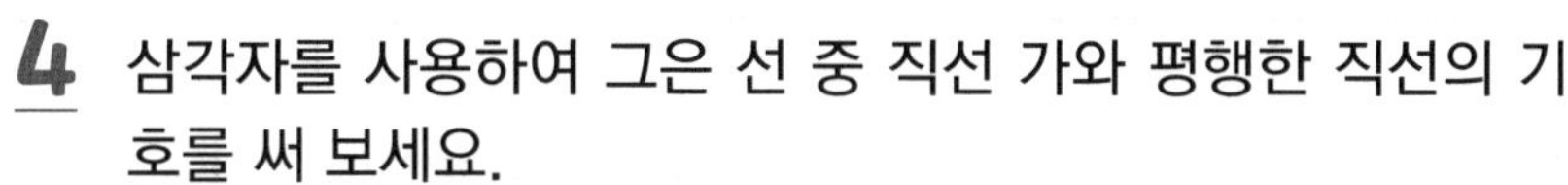

4 삼각자를 사용하여 그은 선 중 직선 가와 평행한 직선의 기호를 써 보세요.

(　　　　　　　　　)

5 오른쪽 도형에서 서로 평행한 두 선분을 찾아 평행선 사이의 거리를 구해 보세요.

(　　　　　　　　　)

step 4 도전 문제

6 오른쪽 도형에서 변 ㄱㅂ과 변 ㄴㄷ은 서로 평행합니다. 평행선 사이의 거리를 구해 보세요.

(　　　　　　　　　)

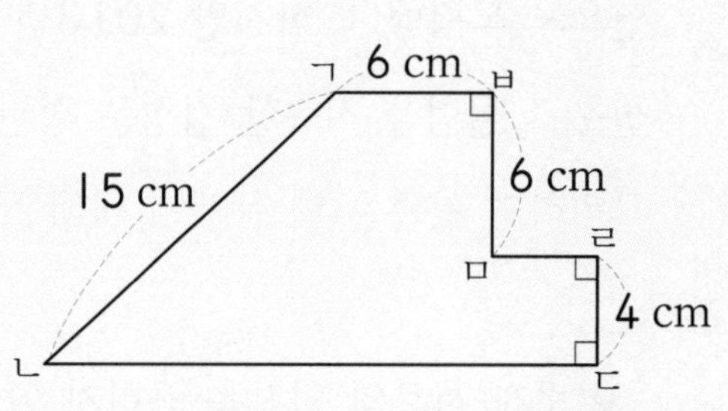

7 다음 도형에서 평행한 선분은 모두 몇 쌍일까요? (　　　　)

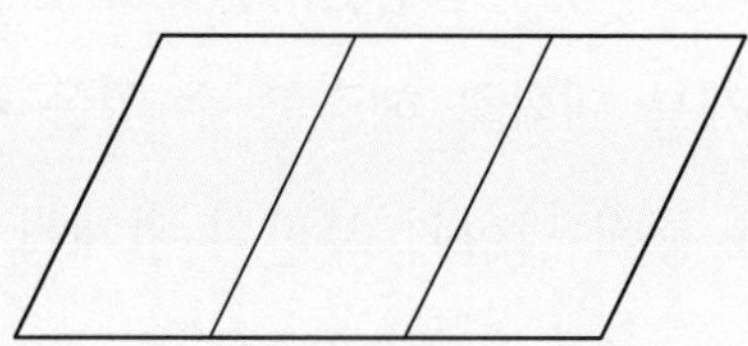

① 3쌍　② 4쌍　③ 5쌍　④ 6쌍　⑤ 7쌍

평행선을 달리던 남북 관계 해결되나?

북핵 문제 그 평행선의 끝은…

『비아일보』 2018년 4월 19일
김비아 기자

지난 18일 한국과 북한, 미국은 북핵 문제* 해결을 위해 한자리에 앉았다. 이는 그동안의 노력을 통해 이뤄 낸 성과로 볼 수 있다.

2000년 이후 북한은 국제 사회의 비난에도 불구하고 독자적으로 핵 개발 프로그램을 진행했고, 2006년 10월 9일에 풍계리 핵 실험장에서의 핵 실험이 성공적이었다고 공식 발표했다. 이는 한반도와 국제 사회의 평화와 안전을 위협하는 심각한 문제였다.

지난 30여 년간 우리 정부를 비롯한 관련국들은 북핵 문제를 해결하기 위해 여러 방면으로 노력했다. 하지만 2013년부터 2017년까지 여러 번의 핵 실험, 미사일과 같은 신무기 실험을 지속한 김정은 정권은 핵 실험을 계속하겠다는 강한 입장을 보여 왔다. 그리하여 양측은 핵 문제에 대해 서로 만나는 지점을 찾지 못하고 팽팽하게 맞서 왔다.

이렇게 서로의 입장을 굽히지 않고 평행선을 달리던 북한 핵 문제가 이번 회담을 통해 해결될 것으로 보인다. 북한이 핵 시설을 폐기하는 대신 한국, 미국, 중국, 일본, 러시아가 북한에 에너지를 지원*하기로 결정한 것이다. 전문가들은 이러한 큰 성과를 이룬 것에 대해 앞으로 북핵 문제를 대화로 해결할 수 있을 것이라는 긍정적인 전망*을 내놓고 있다. 또한 이번 회담을 통해 남한과 북한의 관계가 평화의 방향으로 나아갈 수 있을지 관심이 집중된다.

* **북핵 문제**: 북한이 핵을 개발함에 따라 생기는 여러 가지 문제
* **지원**: 지지하여 도움.
* **전망**: 앞날을 헤아려 내다봄. 또는 내다보이는 장래의 상황

1 글을 읽고 □ 안에 알맞은 말을 써넣으세요

이 기사는 □□ 문제를 다루고 있다.

2 '평행선을 달리던 북한 핵 문제'에서 '평행선을 달리던'의 의미는? (　　　　)

① 상대의 입장에서 생각해 주는 것
② 서로 지지해 주고 지원해 주는 것
③ 서로의 입장을 굽히지 않고 대립하는 것
④ 서로의 입장을 이해하며 양보하는 것
⑤ 이익을 따져 가며 서로 협조하는 것

3 삼각자 2개를 사용하여 평행선을 그려 보세요.

4 다음 그림에서 평행 관계를 찾아 표시해 보세요.

5 자를 사용하여 표시된 도로에서 평행선 사이의 거리를 표시하고, 거리를 재어 보세요.

(　　　　　　　　)

15 사각형

사다리꼴

step 1 30초 개념

• 평행한 변이 한 쌍이라도 있는 사각형을 사다리꼴이라고 합니다.

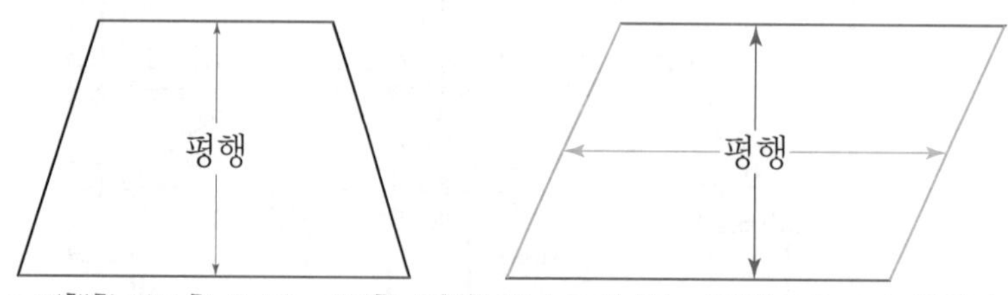

※ 평행한 변이 한 쌍 있는 사각형, 평행한 변이 두 쌍 있는 사각형 모두 사다리꼴입니다.

개념 연결

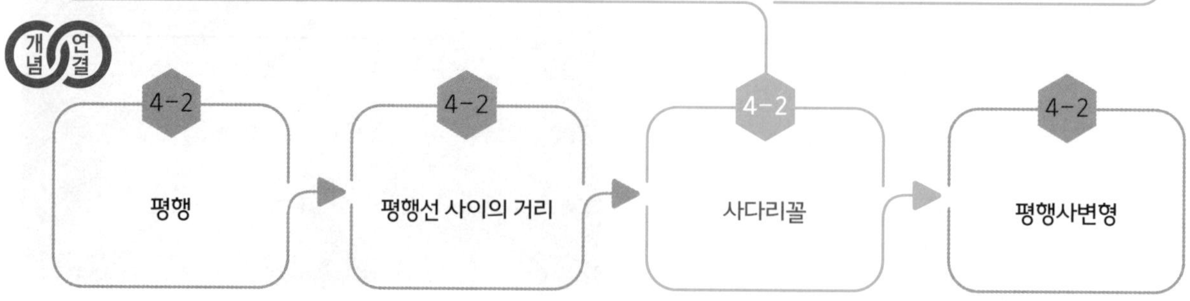

step 2 설명하기

질문 ❶ 각도기를 사용하여 사다리꼴의 같은 쪽에 있는 두 각의 크기의 합은 항상 180°임을 설명해 보세요.

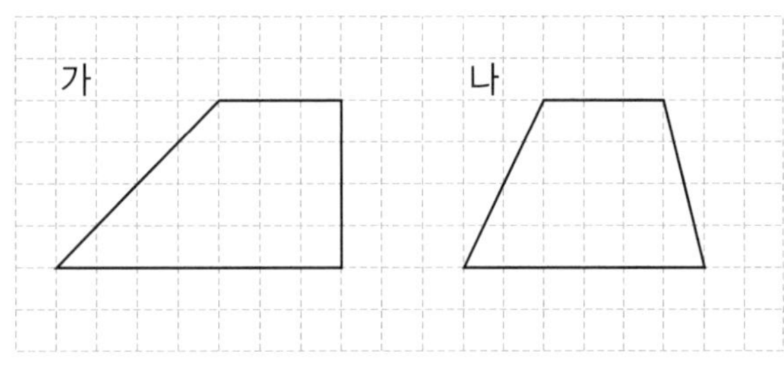

설명하기 각도기를 사용하여 두 사다리꼴의 네 각을 모두 재었더니 같은 쪽에 있는 두 각의 크기의 합은 항상 180°가 되는 것을 확인할 수 있었습니다.

가 사다리꼴의 네 각의 크기는 135°, 45°, 90°, 90°이므로

$135° + 45° = 180°$, $90° + 90° = 180°$

나 사다리꼴의 네 각의 크기는 117°, 63°, 76°, 104°이므로

$117° + 63° = 180°$, $76° + 104° = 180°$

질문 ❷ 사다리꼴을 완성해 보세요.

설명하기

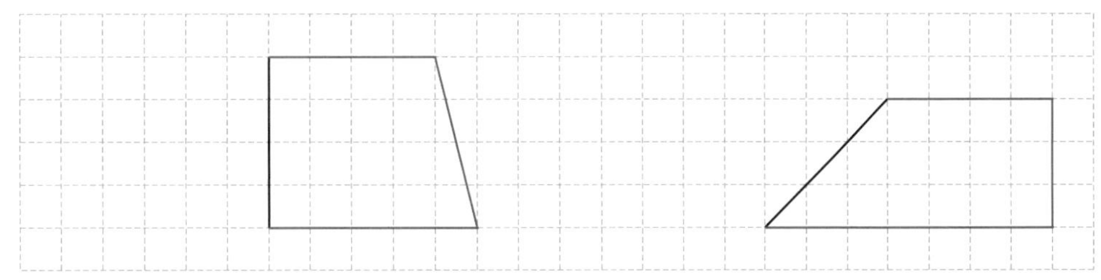

두 사각형은 마주 보는 한 쌍의 변이 서로 평행하므로 모두 사다리꼴입니다.

1 다음 도형에서 평행한 변을 찾아 표시하고, 그림과 같은 사각형을 무엇이라고 하는지 써 보세요.

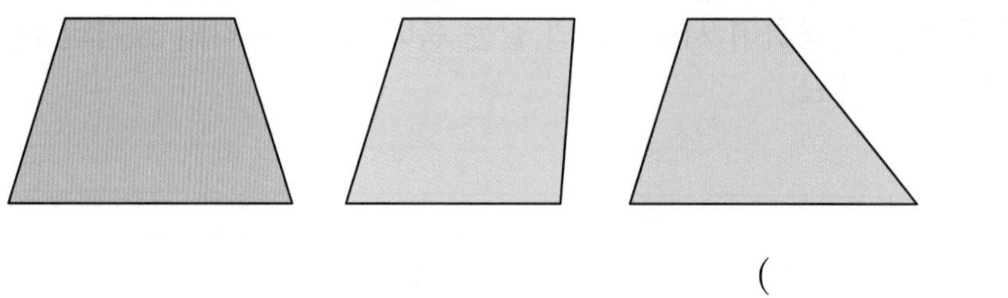

( )

2 사다리꼴을 모두 찾아 기호를 써 보세요.

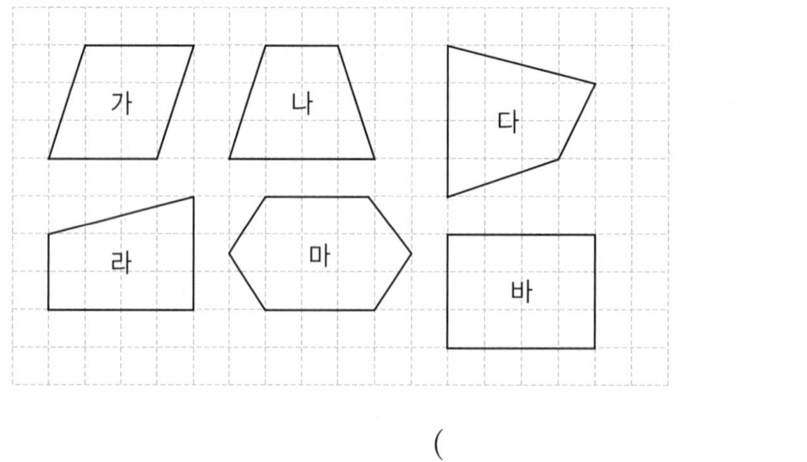

( )

3 사다리꼴을 완성해 보세요.

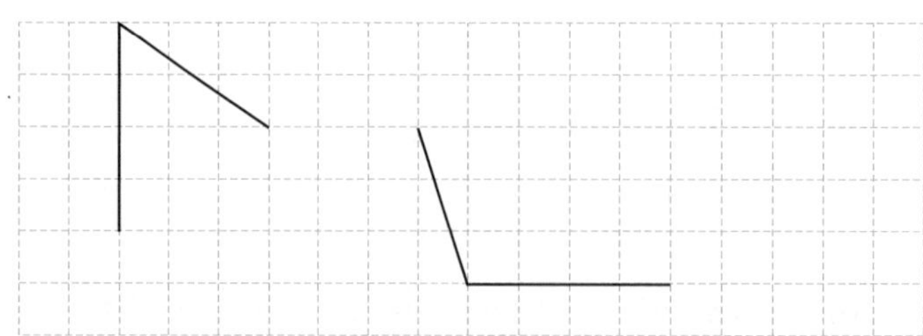

4 직사각형 모양의 종이를 선을 따라 잘랐습니다. 잘라 낸 도형들 중 사다리꼴은 모두 몇 개인지 써 보세요.

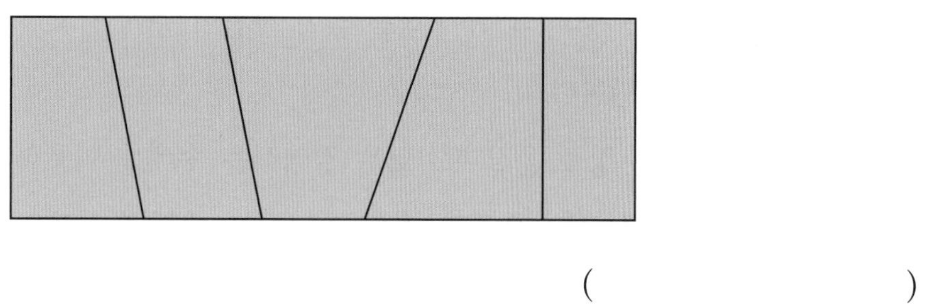

( )

5 다음 도형이 사다리꼴인지 생각해 보고, 그렇게 생각한 이유를 써 보세요.

step 4 도전 문제

6 평행한 두 직선 가와 나의 평행선 사이의 거리가 4 cm일 때, 사다리꼴 ㄱㄴㄷㄹ의 네 변의 길이의 합은 몇 cm일까요?

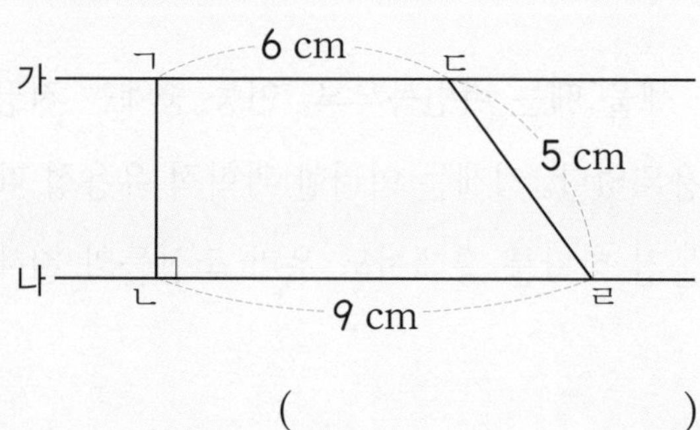

( )

7 변 ㄱㅂ, 변 ㄴㅁ, 변 ㄷㄹ이 서로 평행할 때, 도형에서 찾을 수 있는 크고 작은 사다리꼴은 모두 몇 개일까요?

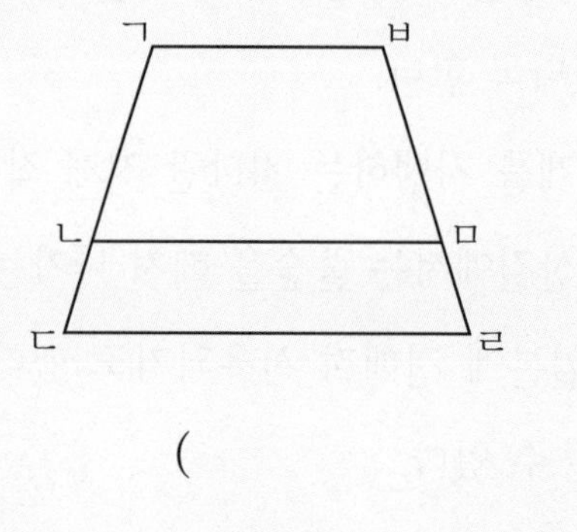

( )

지게

한옥 마을이나 민속촌 등에 가면 외국인과 아이들의 눈길을 사로잡는 물건이 있다. 바로 지게이다. 나무로 모양을 짜고 그 위에 짐을 얹어 사람이 등에 지고 다니는 지게는 우리나라 고유의 운반 도구 중 하나이다.

옛날 우리 조상들은 짐을 옮길 때, 넓은 길에서는 수레를 이용하고 좁은 길에서는 지게를 이용했다. 지게는 한국 전쟁 때 군수 물자*를 나르는 데도 효과적으로 사용되었다. 이런 지게가 외국에 알려지자 외국에서는 지게의 모양이 마치 'A'처럼 생겼다고 해서 지게를 'A 프레임'이라는 이름으로 불렀다고 한다.

지게는 가지가 약간 위로 뻗은 'ㅏ'자 모양의 나무를 반으로 쪼개거나 비슷한 나무 2개를 위는 좁고 아래는 사람 어깨보다 약간 넓게 두면서 가지가 같은 방향으로 가도록 세운 다음, 양쪽 기둥을 나무로 연결하여 만든다. 등이 닿는 부분에는 짚으로 짠 등태*를 달아 쿠션 역할을 하게 했다. 양쪽 기둥은 처음부터 지게를 사용할 사람의 체구에 맞춰 깎기 때문에 산에서 지게로 만들기에 알맞은 나무를 발견하면 눈여겨보았다가 농사일이 조금 한가할 때 지게를 만들었다고 한다.

지게를 지탱하는 기다란 지게 작대기*는 지게를 세울 때는 버팀목으로, 이동 중에는 지팡이로, 산길에서는 풀숲을 헤쳐 나가는 길잡이로 사용되었다. 지게는 이러한 과학적 유용성 때문에 일본에 전해져 사용되기도 했다. 이런 작은 물건 하나를 통해서도 우리 조상들의 지혜를 엿볼 수 있다.

* **군수 물자**: 전투 식량, 군복, 병기 따위의 군대에 필요한 물품이나 재료
* **등태**: 짐을 질 때, 등이 배기지 않도록 짚으로 엮어 등에 걸치거나 지게의 등이 닿는 곳에 붙이는 물건
* **작대기**: 긴 막대기

1 우리 조상들은 지게를 어디에 썼는지 설명해 보세요.

설명

2 다음 중 지게에 대한 설명으로 옳지 않은 것은? (　　　　)

① 'ㅏ'자 모양의 나무를 연결하여 만든다.
② 위는 좁고 아래는 사람 어깨보다 약간 넓게 만든다.
③ 지게 작대기는 지게를 세우는 데만 사용된다.
④ 등이 닿는 부분에 등태가 붙어 있다.
⑤ 등태는 짚으로 만든다.

3 지게에 표시된 부분은 어떤 사각형이라고 할 수 있을까요?

(　　　　　　　　　　)

[4~5] 문제 3의 사각형을 보고 물음에 답하세요.

4 이 사각형의 특징으로 바른 것은? (　　　　)

① 두 쌍의 마주 보는 변이 평행하다.
② 네 변의 길이가 같다.
③ 한 쌍의 마주 보는 변이 평행하다.
④ 한 쌍의 마주 보는 변의 길이가 같다.
⑤ 두 변의 길이는 무조건 같다.

5 이 사각형 모양의 물건에 ○표 해 보세요.

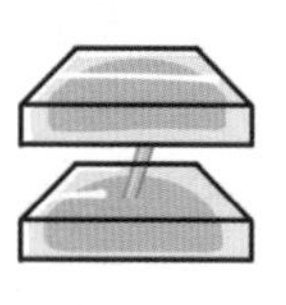
프리즘

옷걸이

창틀

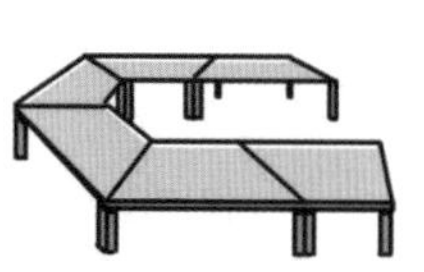
책상

종이 가방

액자

16 사각형

평행사변형

step 1 30초 개념

• 마주 보는 두 쌍의 변이 서로 평행한 사각형을 평행사변형이라고 합니다.

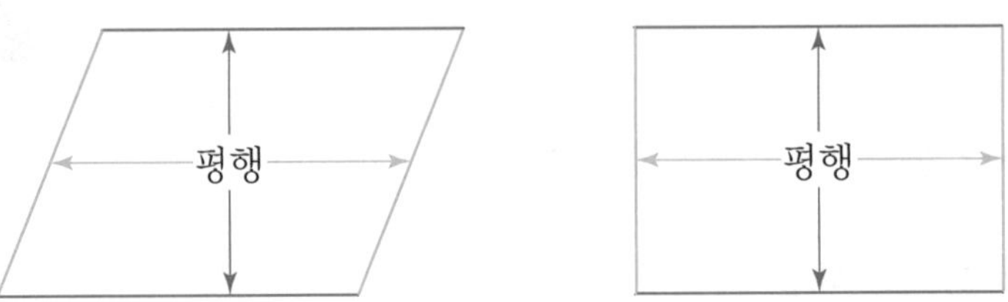

※ 평행사변형은 마주 보는 두 변의 길이와 두 각의 크기가 서로 같습니다.

개념 연결

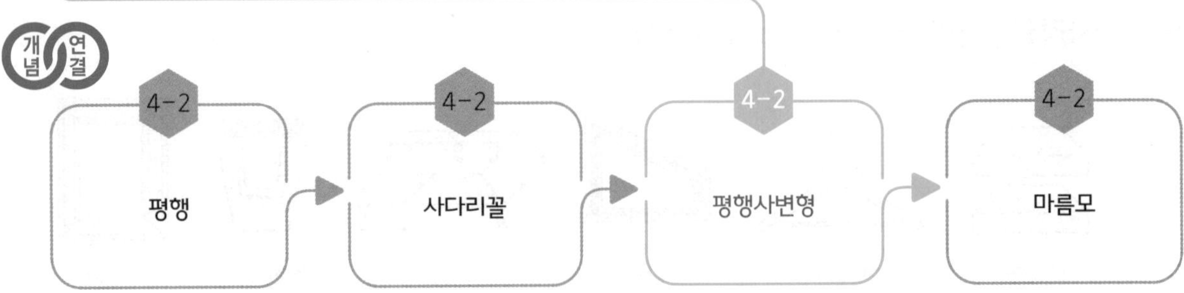

질문 ❶ 자를 사용하여 다음 평행사변형의 마주 보는 두 변의 길이가 서로 같음을 설명해 보세요.

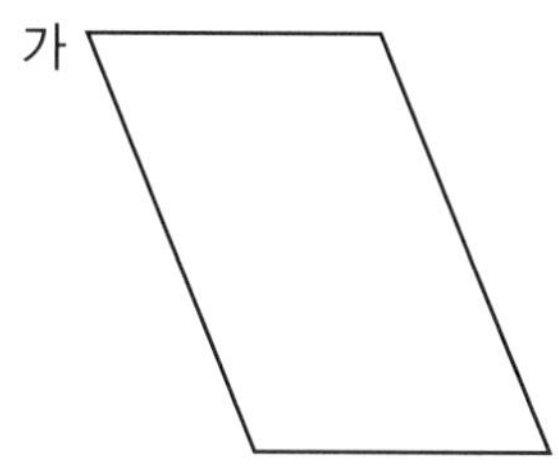

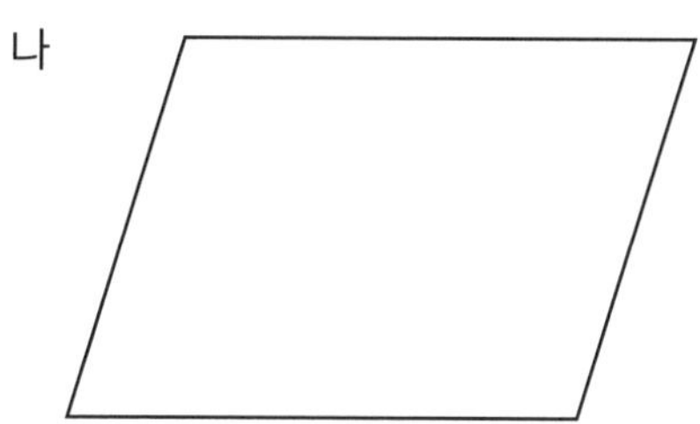

설명하기 자를 사용하여 평행사변형의 네 변의 길이를 잽니다.
가 평행사변형의 네 변의 길이는 2 cm, 3 cm, 2 cm, 3 cm이므로 마주 보는 두 변의 길이가 서로 같습니다.
나 평행사변형의 네 변의 길이는 3 cm, 4 cm, 3 cm, 4 cm이므로 마주 보는 두 변의 길이가 서로 같습니다.

질문 ❷ 각도기를 사용하여 다음 두 평행사변형의 마주 보는 두 각의 크기가 서로 같고, 이웃한 두 각의 크기의 합이 180°임을 설명해 보세요.

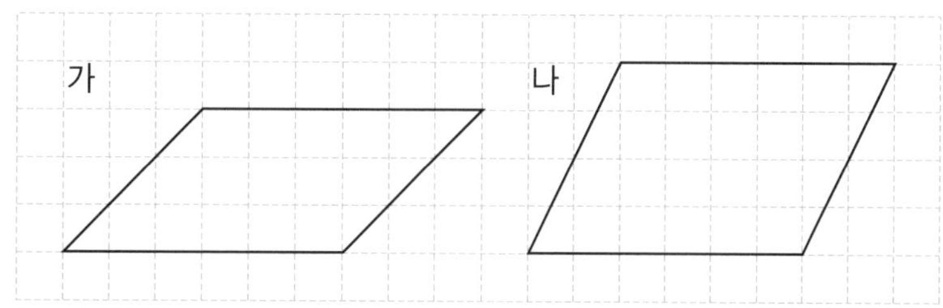

설명하기 각도기를 사용하여 평행사변형의 네 각의 크기를 잽니다.
가 평행사변형의 네 각의 크기는 135°, 45°, 135°, 45°이므로 마주 보는 두 각의 크기가 서로 같고 이웃한 두 각의 크기의 합은
$135^\circ+45^\circ=180^\circ$입니다.
나 평행사변형의 네 각의 크기는 117°, 63°, 117°, 63°이므로 마주 보는 두 각의 크기가 서로 같고 이웃한 두 각의 크기의 합은
$117^\circ+63^\circ=180^\circ$입니다.

1 그림을 보고 □ 안에 알맞은 수나 말을 써넣으세요.

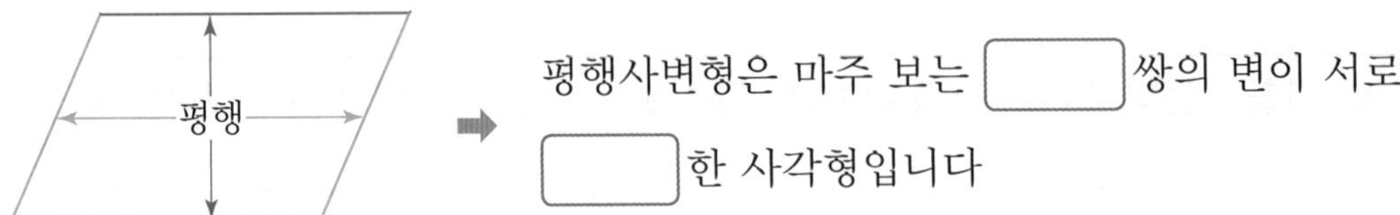

2 평행사변형에 대한 설명으로 옳은 것을 모두 찾아보세요. (　　　　　)

① 마주 보는 한 쌍의 변만 평행하다.
② 마주 보는 두 변의 길이가 같다.
③ 마주 보는 두 각의 크기가 같다.
④ 네 변의 길이가 모두 같다.
⑤ 이웃한 두 각의 크기의 합이 180°이다.

3 평행사변형을 모두 찾아 기호를 써 보세요.

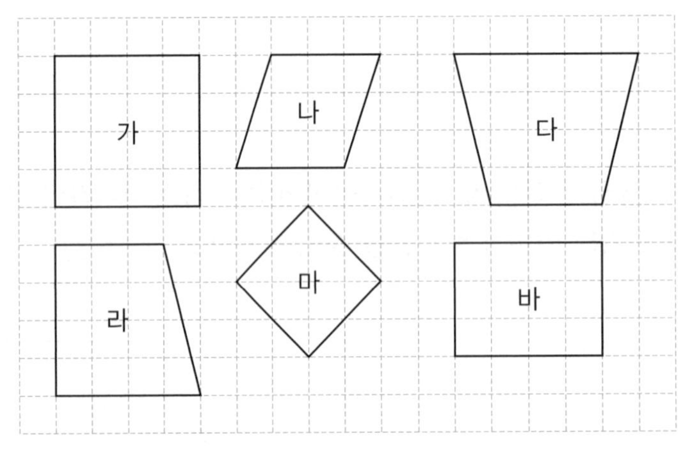

(　　　　　　　　　)

4 오른쪽 도형은 평행사변형입니다. □ 안에 알맞은 수를 써넣으세요.

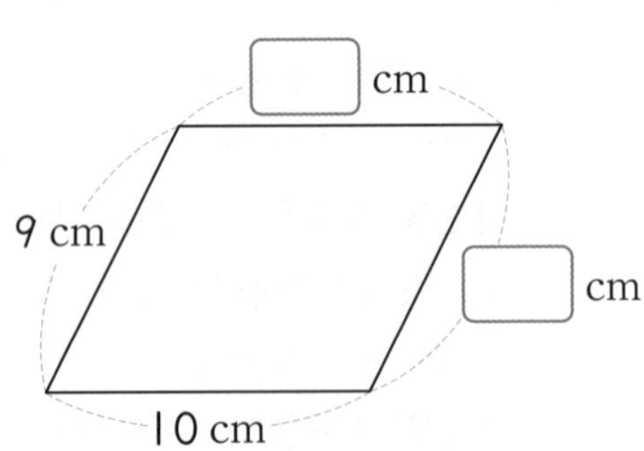

5 다음 도형은 평행사변형입니다. ㉠과 ㉡은 각각 몇 도일까요?

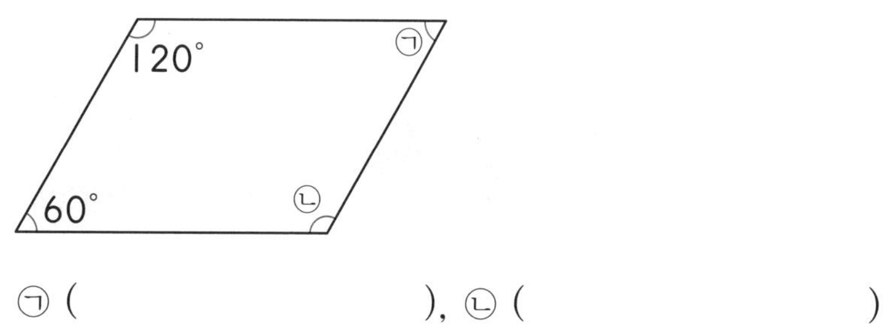

㉠ ( ), ㉡ ( )

6 평행사변형 ㄱㄴㄷㄹ의 네 변의 길이의 합을 구해 보세요.

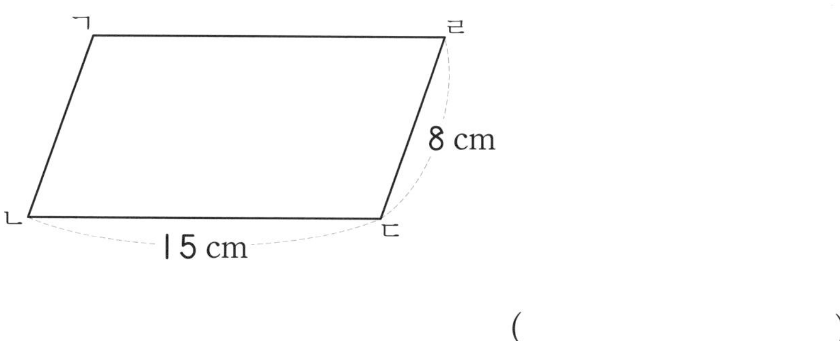

( )

step 4 도전 문제

7 평행사변형의 각 ㄴㄱㄹ의 크기가 각 ㄱㄴㄷ의 2배일 때, 각 ㄱㄴㄷ의 크기를 구해 보세요.

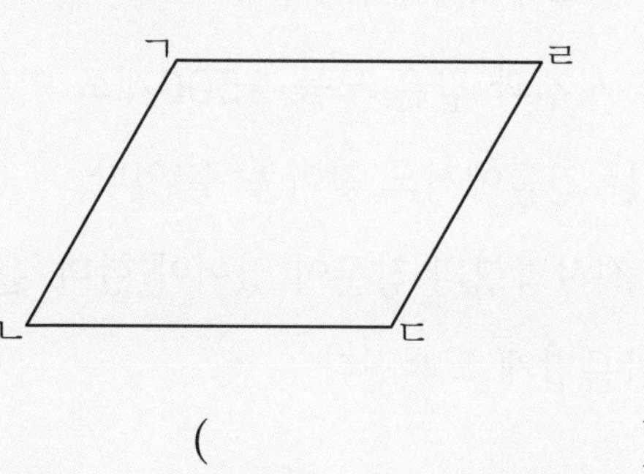

( )

8 평행사변형의 네 변의 길이의 합이 22 cm일 때, 변 ㄱㄴ의 길이를 구해 보세요.

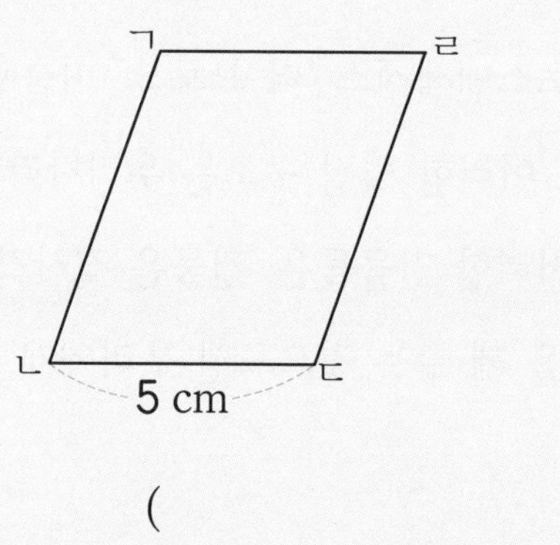

( )

이런 모양의 건물이 있다고?

◀ 도크랜드

독일의 함부르크 알토나 부근 엘베강 항구에 가면 위의 건물을 볼 수 있는데, 이것은 건축가 하디 테헤라니가 2005년도에 지은 도크랜드라는 건물이다. 대부분의 건물이 직사각형 모양을 하고 있는 데 반해 이 건물은 외형이 굉장히 독특하다. 사실 건물을 직사각형 모양으로 짓는 이유는 그렇게 짓는 것이 안정적이기도 하고, 짓기 편하며 효율적이기 때문이다. 반대로 그렇지 않은 건물을 짓기 위해서는 건물의 구조를 굉장히 치밀하게 계획해야 하고 노력도 많이 들여야 한다. 그럼에도 이렇게 특이한 모양의 건물을 짓는 것은 아마도 건축물의 아름다움을 극대화하기 위해서일 것이다.

다음 건축물도 살펴보자. 실제 도크랜드의 외형과 같은 모양을 건축물에 이용한 경우이다.

▲ 로스앤젤레스의 더 브로드

▲ 우리나라의 마곡 하이브

로스앤젤레스 '더 브로드' 미술관의 건물 외벽은 사진과 같은 모듈* 2500개로 이루어져 있다. 이러한 벌집 구조는 우리나라 '마곡 하이브'라는 건물에서도 찾아볼 수 있다.

이러한 건물들은 '건물은 직사각형이어야 하고, 직사각형의 창문이 있어야 한다.'는 고정 관념을 깨 주는 것으로서 우리에게 더욱 특이하고 아름답게 느껴진다.

* **모듈**: 건축물의 설계나 조립 시에 적용 기준이 되는 치수 및 단위

1 이 글에 대한 설명으로 옳지 않은 것은? (　　　　)

① 건물을 직사각형이 아닌 다른 모양으로 짓는 것은 어려운 일이다.
② 도크랜드는 독일 함부르크 알토나 부근 엘베강 항구에서 볼 수 있다.
③ 직사각형 모양이 아닌 건물들에서 우리는 아름다움을 느낀다.
④ 도크랜드는 건축가 하디 테헤라니가 2002년도에 지은 건물이다.
⑤ 로스앤젤레스 '더 브로드'의 건물 외벽은 2500개 모듈로 이루어져 있다.

2 이 글의 주제가 무엇인지 □ 안에 알맞은 말을 써넣으세요.

우리 주변에는 건물은 직사각형 모양이어야 한다는 □□□□을 깬 건물들이 있고, 이러한 □□□□을 깨 주기 때문에 그러한 건물들이 더 아름답게 느껴진다.

3 이 글에 소개된 건축물에서 공통적으로 찾을 수 있는 두 쌍의 변이 서로 평행한 사각형을 무엇이라고 하는지 써 보세요.

(　　　　　　　　　　)

[4~5] 문제 3의 사각형을 보고 물음에 답하세요.

4 다음 건물들에서 이 사각형을 찾아 표시해 보세요.

5 이 사각형을 이용하여 자신만의 건물을 자유롭게 디자인해 보세요.

step 1 30초 개념

• 네 변의 길이가 모두 같은 사각형을 마름모라고 합니다.

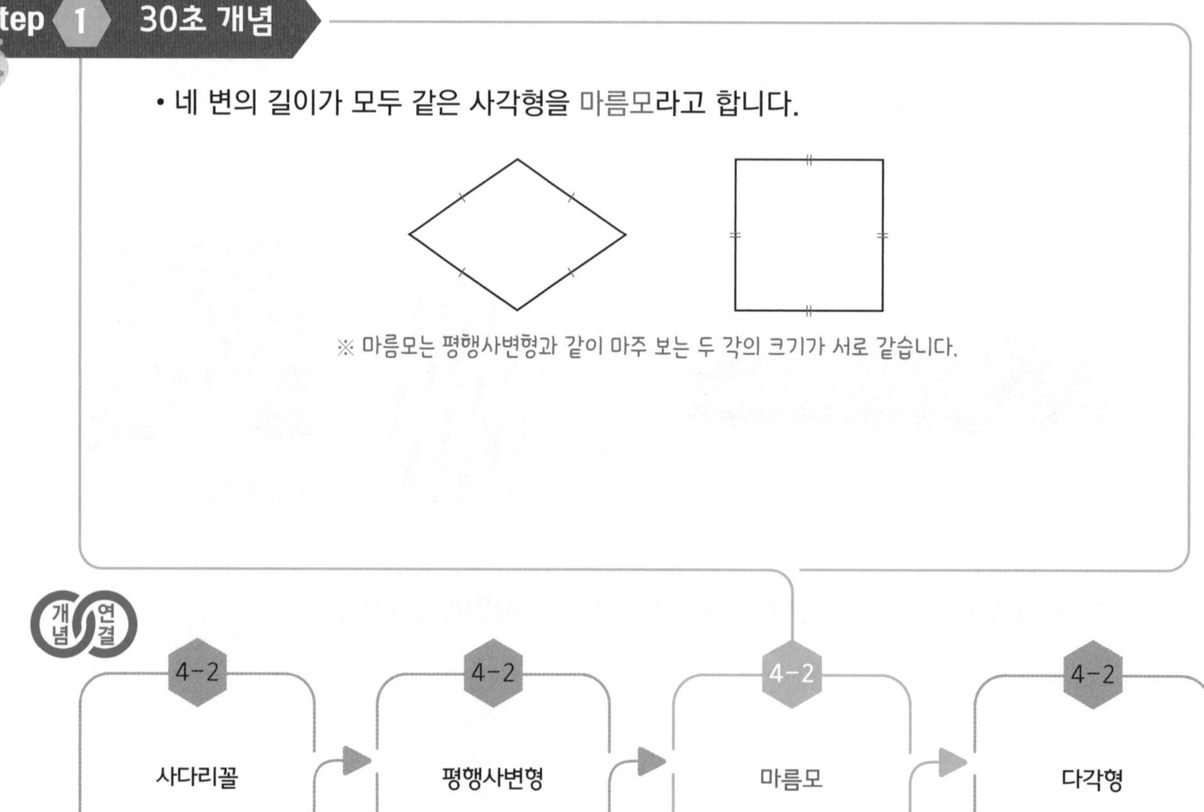

※ 마름모는 평행사변형과 같이 마주 보는 두 각의 크기가 서로 같습니다.

질문 ❶ 자와 각도기를 사용하여 마름모의 마주 보는 꼭짓점끼리 이은 선분이 만나는 점을 중심으로 나누어진 두 선분은 길이가 각각 같고, 서로 수직으로 만남을 설명해 보세요.

설명하기 마름모의 마주 보는 꼭짓점을 서로 잇고 각도기를 사용하여 두 선분이 이루는 각의 크기를 재면 90°입니다.
자를 사용하여 두 선분이 만나는 점을 중심으로 나누어진 선분의 길이를 재면 각각 3 cm, 3 cm, 2 cm, 2 cm이므로, 두 선분의 길이는 각각 같습니다.

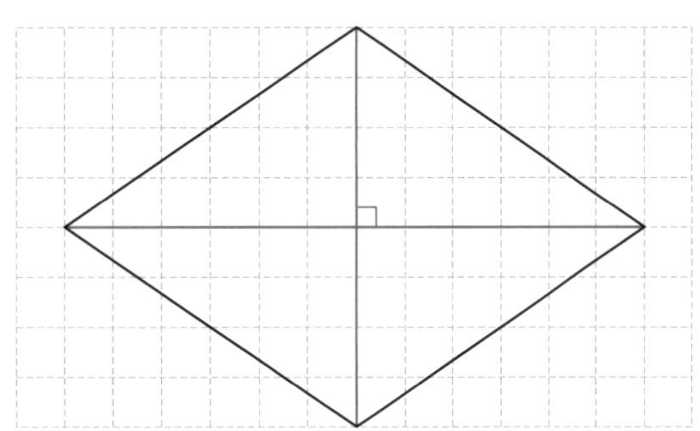

질문 ❷ 마름모를 완성해 보세요.

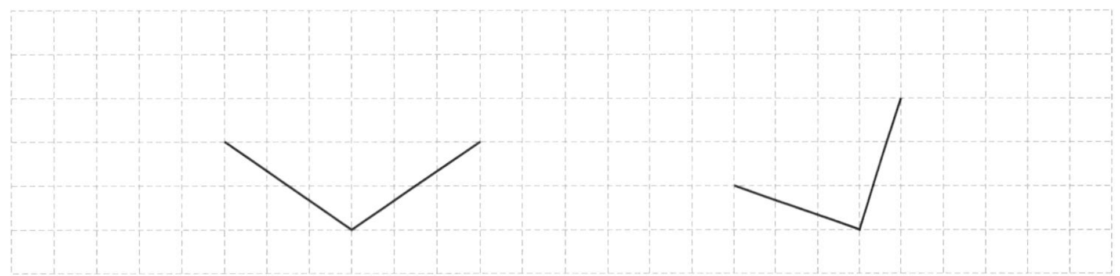

설명하기 주어진 두 변과 길이가 같은 나머지 두 변을 그리면 마름모가 됩니다.

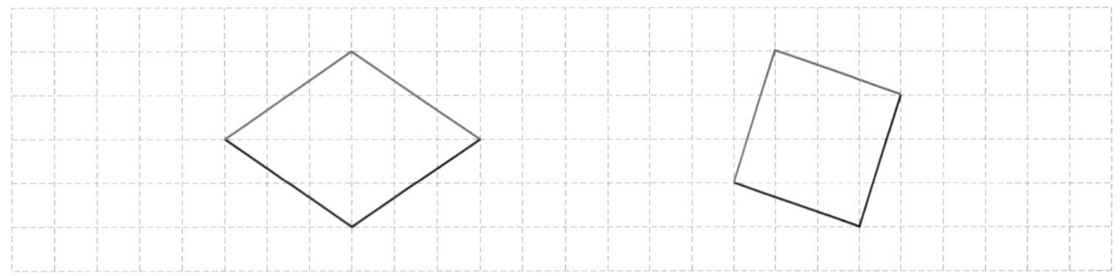

1 그림을 보고 □ 안에 알맞은 말을 써넣으세요.

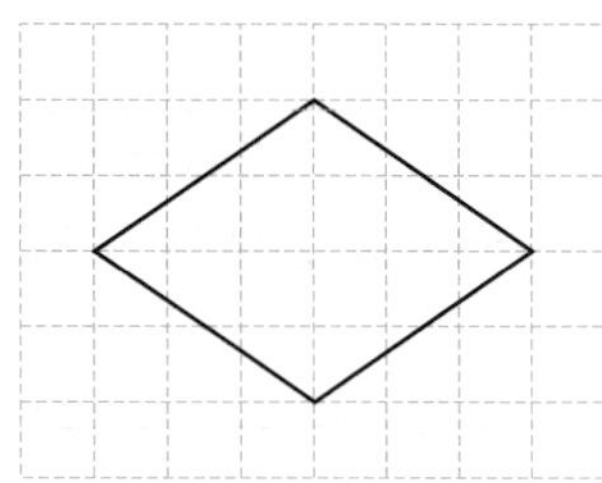

➡ □ 변의 길이가 모두 같은 사각형을 마름모라고 합니다.

2 마름모에 대한 설명으로 옳지 <u>않은</u> 것은? (　　　　)

① 한 쌍의 변만 평행하다.
② 마주 보는 두 각의 크기가 같다.
③ 마주 보는 꼭짓점끼리 이은 선분이 서로 수직으로 만난다.
④ 이웃한 두 각의 크기의 합이 180°이다.
⑤ 마주 보는 두 변의 길이가 같다.

3 마름모를 모두 찾아 기호를 써 보세요.

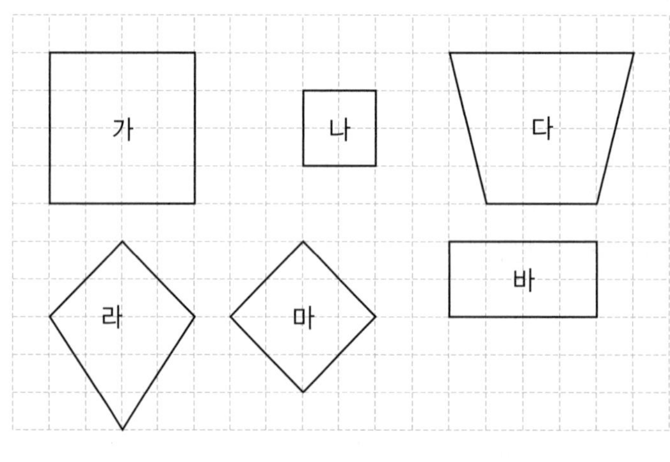

(　　　　　　　　　　)

4 다음 도형은 마름모입니다. □ 안에 알맞은 수를 써넣으세요.

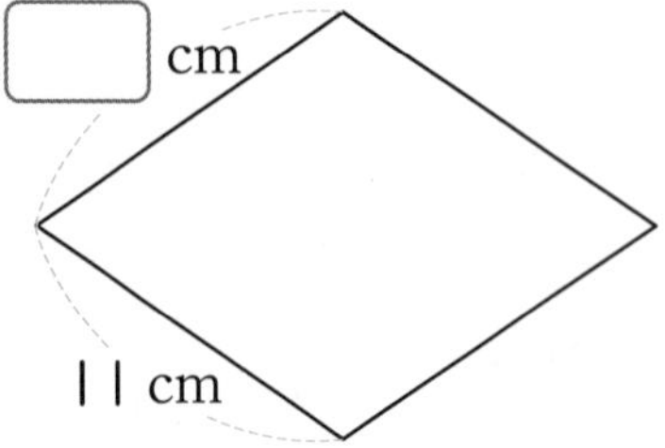

5 다음 도형의 이름이 될 수 <u>없는</u> 것은? (　　　　)

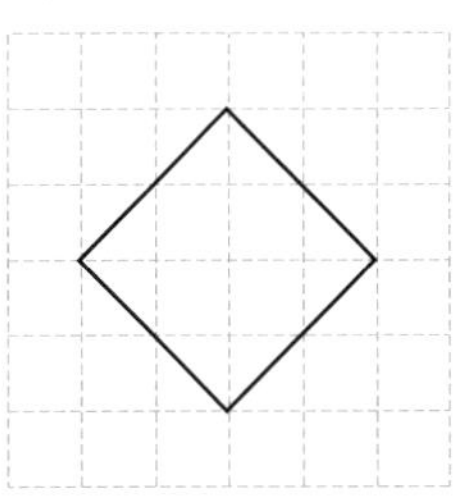

① 사다리꼴　　② 직사각형　　③ 정삼각형
④ 마름모　　⑤ 평행사변형

6 다음 도형은 마름모입니다. ㉠은 몇 도일까요?

(　　　　　　　　)

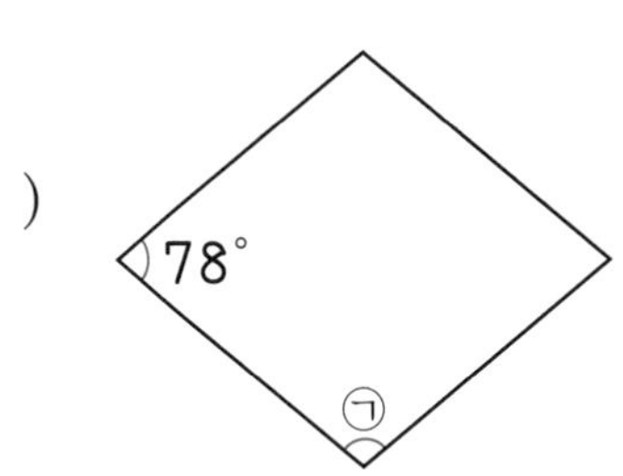

step 4 도전 문제

7 다음 도형이 마름모일 때, □ 안에 알맞은 수를 써넣으세요.

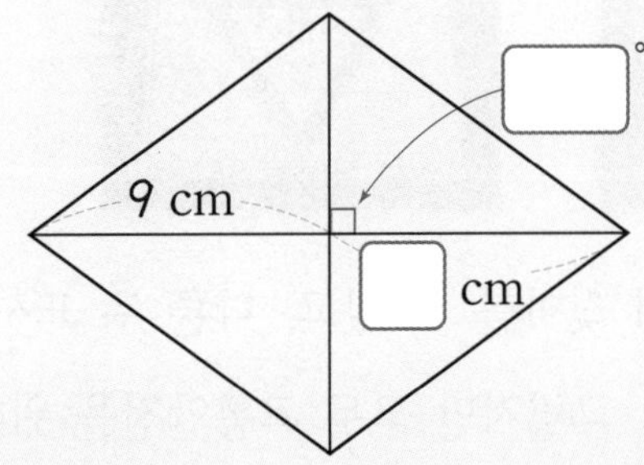

8 마름모 ㄱㄴㄷㄹ에서 ㉠의 각도를 구해 보세요.

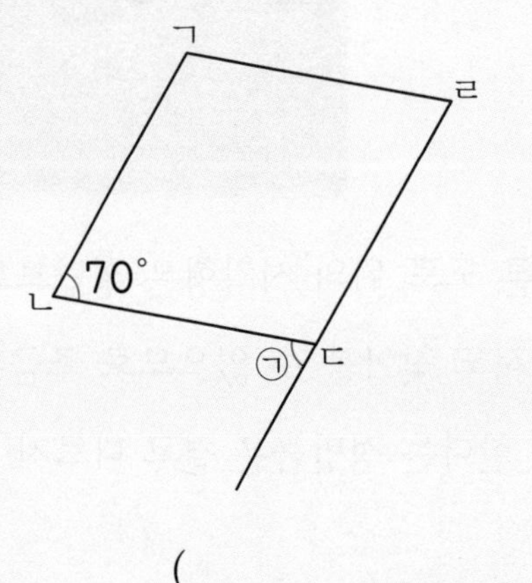

(　　　　　　　　)

도로 위의 사각형은 무슨 의미일까?

길을 걷다 보면 또는 차를 타고 가다 보면 도형 모양의 표지판을 볼 수 있다. 그런데 그중에는 대다수의 운전자가 그 의미를 제대로 알지 못하는 표시가 있다. 아래의 표시가 바로 그것이다. 도로 위에 그려진 이 사각형은 과연 무엇을 의미할까?

이 모양은 바로 횡단보도를 예고*하는 것이라고 한다. 정식 명칭은 '횡단보도 예고 노면 표시'이다. 이름처럼 앞에 곧 횡단보도가 나오므로 주의 또는 서행*하라는 의미이다. 이 표시는 주로 신호등이 없는 횡단보도 주변에 설치된다. 따라서 운전자가 운전 중에 이 표시를 본다면 차의 속도를 줄이고 천천히 달려야 한다. 보행자를 보호하기 위한 것이므로 신호등이 없더라도 꼭 속도를 줄여야 한다.

이와 같은 의미를 가진 표시가 또 있다. 아래 사진처럼 지그재그로 그어진 차선, '천천히'라고 쓰인 표지판 역시 천천히 달리라는 뜻이므로 '횡단보도 예고 노면 표시'와 같은 의미라고 볼 수 있다.

물론 도로 위의 사각형은 횡단보도가 설치된 곳에서 찾아볼 수 있고, 다른 두 표시는 다른 곳에서도 찾아볼 수 있으므로 조금은 다른 점이 있다. 그렇지만 모두 교통안전을 위해 꼭 지켜야 한다는 점만큼은 결코 다르지 않다.

* **예고**: 미리 알림.
* **서행**: 사람이나 차가 천천히 감.

1 도로 위에 그려져 있는 사각형의 의미를 바르게 설명한 것은? (　　　　)

① 어린이 보호구역입니다.
② 앞에 턱이 있으니 조심하시오.
③ 이쪽 길은 일방통행입니다.
④ 앞에 곧 횡단보도가 있으니 서행하시오.
⑤ 앞에 차선이 줄어들 예정이니 양보하시오.

2 도로 위에 그려져 있는 사각형과 같은 의미를 지닌 표지판은? (　　　　)

① 진입금지　② 천천히 SLOW　③ 정지 STOP　④ 일방통행　⑤

3 도로 위에 그려져 있는 오른쪽 사각형은 여러 가지 사각형 중 어느 것인지 이름을 써 보세요. (단, 네 변의 길이는 모두 같습니다.)

(　　　　　　　　)

4 문제 3의 사각형의 특징으로 바른 것을 모두 찾아 기호를 써 보세요.

㉠ 두 쌍의 변이 서로 평행하다.
㉡ 한 쌍의 변만 서로 평행하다.
㉢ 네 변의 길이가 모두 같다.
㉣ 네 각의 크기가 모두 같다.
㉤ 네 각의 크기가 모두 90°이다.

(　　　　　　　　)

18 꺾은선그래프

꺾은선그래프

step 1 30초 개념

• 수량을 점으로 표시하고, 그 점들을 선분으로 이어 그린 그래프를 꺾은선그래프라고 합니다.

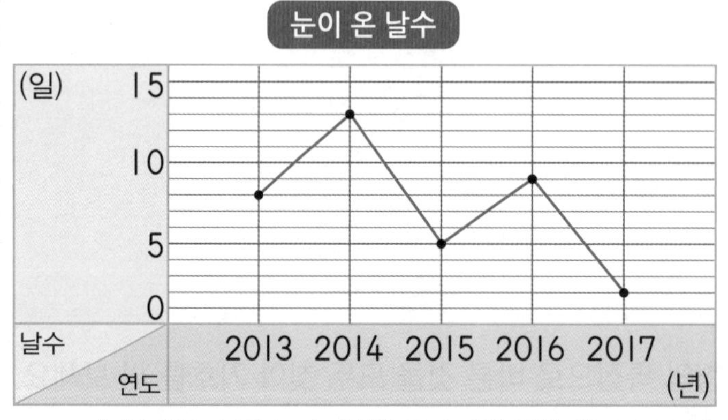

(기상 월보, 날씨 누리 기상청 국가 기상 종합 정보, 2018년)

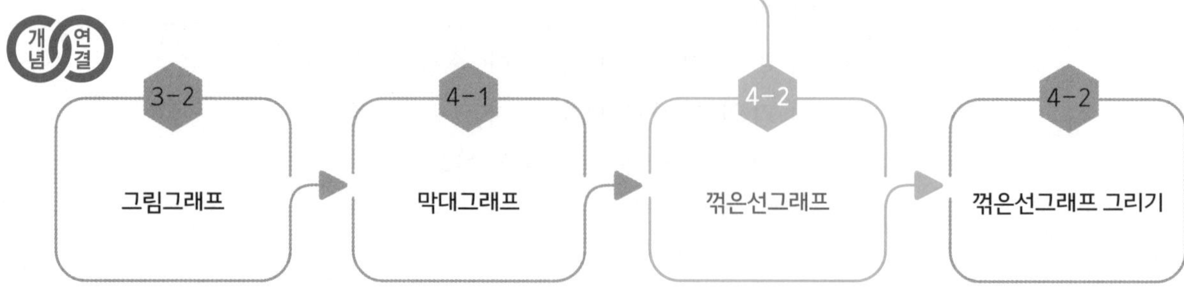

공부한 날 월 일

step 2 설명하기

질문 ① 다음 그래프를 보고 막대그래프와 꺾은선그래프의 차이를 설명해 보세요.

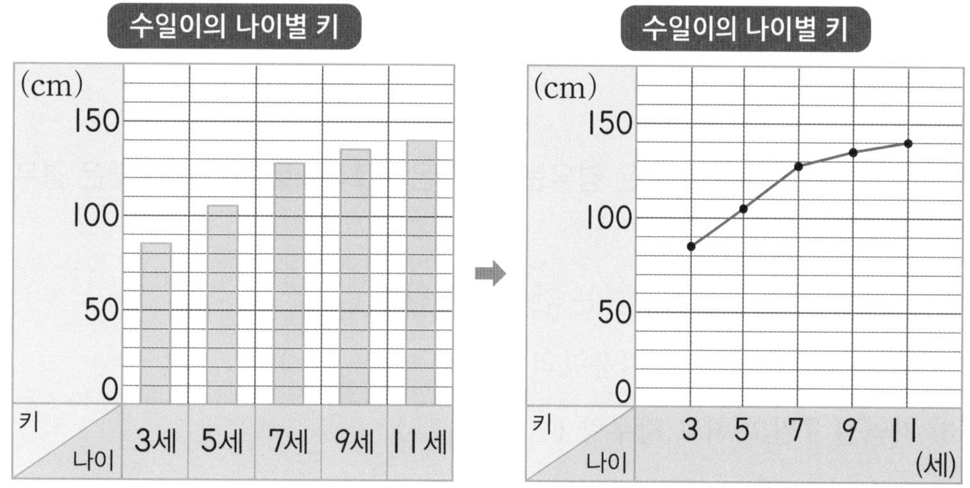

설명하기 막대그래프는 막대의 높이로 수량의 크기를 한눈에 비교할 수 있습니다.
시간에 따른 자료의 값을 꺾은선그래프로 나타내면 그 변화를 보다 효과적으로 파악할 수 있습니다.

질문 ② 꺾은선그래프에서 다음 시각의 기온을 예상하고, 그 이유를 설명해 보세요.

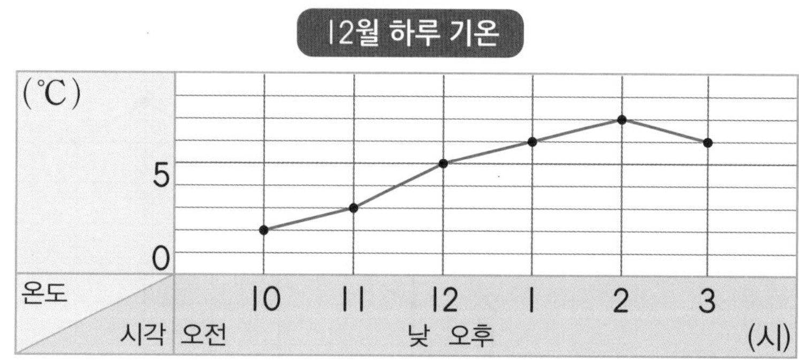

(1) 11시 30분　　　　(2) 오후 4시

설명하기 (1) 11시의 기온이 3 ℃이고, 12시의 기온이 5 ℃이므로 11시 30분의 기온은 4 ℃로 예상할 수 있습니다.

(2) 오후 2시의 기온이 7 ℃이고, 오후 3시의 기온이 6 ℃이므로 오후 4시의 기온은 5 ℃로 예상 할 수 있습니다.

1 □ 안에 알맞은 말을 써넣으세요.

수량을 점으로 표시하고, 그 점을 선분으로 이어 그린 그래프를 □라고 합니다.

2 막대그래프로 나타내기 좋은 경우는 ○, 꺾은선그래프로 나타내기 좋은 경우는 △로 표시해 보세요.

(1) 우리 반 학생들이 좋아하는 간식별 인원수 (　　　　)

(2) 우리 집의 연간 수도 사용량의 변화 (　　　　)

(3) 지역별 7월의 최고 강우량 (　　　　)

(4) 5년 동안 나의 몸무게의 변화 (　　　　)

(5) 하루 기온의 변화 (　　　　)

3 어느 지역의 11월 기온의 변화를 오전 10시부터 오후 3시까지 측정하여 나타낸 꺾은선그래프입니다. 물음에 답하세요.

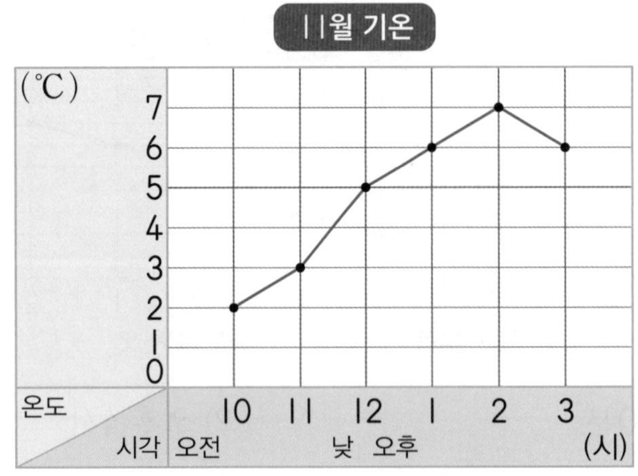

(1) 오전 10시의 기온은 몇 도인가요? (　　　　)

(2) 온도 변화가 가장 큰 시간은 몇 시와 몇 시 사이인가요? (　　　　)

(3) 온도가 떨어진 시간은 몇 시와 몇 시 사이인가요? (　　　　)

4 매달 1일에 나의 키를 조사하여 나타낸 표를 보고 물음에 답하세요.

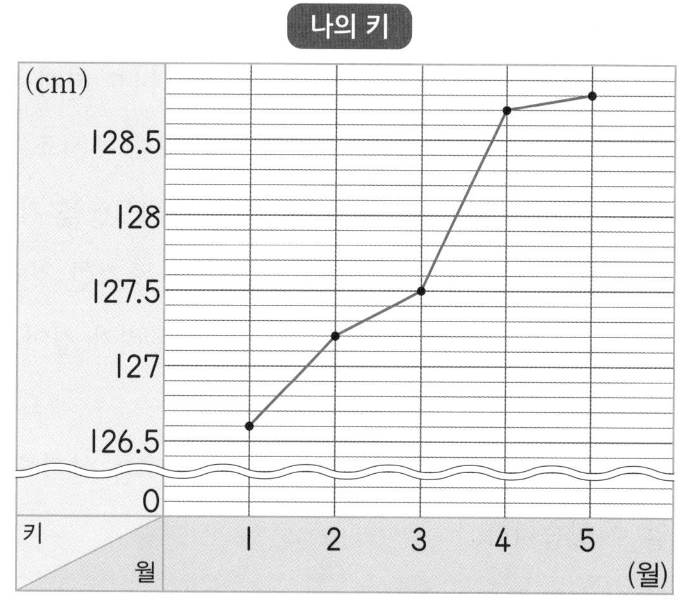

(1) 키의 변화가 가장 작은 때는 몇 월과 몇 월 사이인가요? (　　　　　　)

(2) 키의 변화가 가장 큰 때는 몇 월과 몇 월 사이인가요? (　　　　　　)

(3) 물결선을 사용하여 필요 없는 부분을 생략하면 어떤 점이 좋은가요?

좋은 점 ________________________________

step 4 도전 문제

5 **어느 가구 공장의 가구 판매량을 월별로 나타낸 꺾은선그래프인데 일부가 찢어져 보이지 않습니다. 판매량의 변화가 일정하다고 할 때 3월의 가구 판매량을 구해 보세요.**

(　　　　　　)

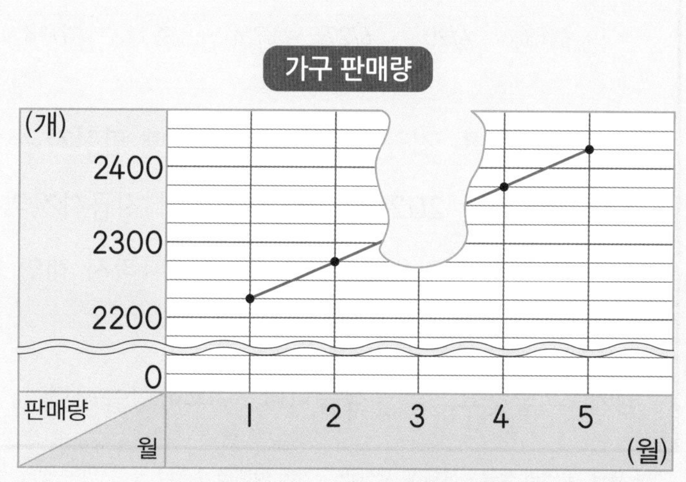

그래프로 알아보는 코로나바이러스 (방송용 대본)

앵커: 이번에는 KBC 재난* 방송 센터를 연결해서 코로나19 현재 상황을 점검해 보겠습니다. ○○○ 기자! 먼저 국내 확진자* 현황부터 정리해 주시죠.

기자: 네, 오늘 하루 코로나 확진자는 15일 0시 기준 1817명을 기록했습니다. 전날보다 13명 감소했지만 일주일 전인 1729명보다 88명 증가한 것입니다. 확진자 수가 계속해서 요일별 최다 기록을 경신함에 따라 정부의 우려가 깊어지고 있습니다.

앵커: 확진자 수가 계속해서 늘어나고 있다는 뜻일까요?

기자: 네, 그렇습니다. 다음 그래프를 통해 최근 확진자 수를 살펴보면, 확진자 수가 증가 추세임을 알 수 있습니다.

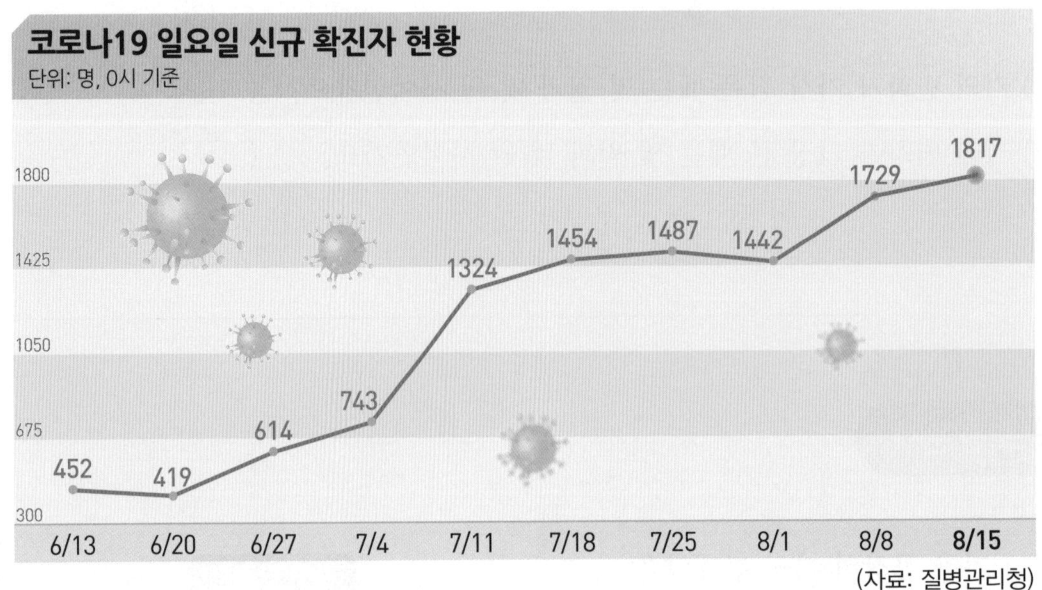

(자료: 질병관리청)

앵커: 그렇군요. 지금까지와 비교했을 때 확진자 수 증가가 심각한 수준인가요?

기자: 네, 지난 2020년 2월 이후부터 지금까지의 상황을 살펴봐도 확진자 수가 늘어나고 있다는 것을 알 수 있습니다. 따라서 개인 방역을 더욱 철저히 하고, 당분간 모임은 자제하는 것이 좋겠습니다.

앵커: 그렇군요. 잘 알겠습니다. 수고하셨습니다.

* **재난**: 국민의 생명 · 신체 및 재산과 국가에 피해를 주거나 줄 수 있는 것
* **확진자**: 질환의 종류나 상태를 확실하게 진단받은 사람

1 글을 읽고 □ 안에 알맞은 말을 써넣으세요.

이 글은 □□ 방송을 위한 것이다.

2 이 글에 등장하는 인물을 써 보세요.

( )

3 이 글에 나오는 그래프는 여러 가지 그래프 중 어떤 것인지 □ 안에 알맞은 말을 써넣으세요.

□□□그래프

4 이 글의 '코로나19 일요일 신규 확진자 현황' 그래프를 보고 코로나19 확진자 수가 어떻게 변하고 있는지 설명하고 앞으로의 상황을 예측해 보세요.

설명

5 '코로나19 일요일 신규 확진자 현황' 그래프를 해석한 것으로 바른 것은? ( )

① 6월 13일부터 8월 15일까지 매주 신규 확진자 수는 증가하고 있다.
② 확진자 수가 가장 적을 때는 6월 20일이다.
③ 확진자 수가 가장 많이 늘어난 주는 6월 27일~7월 4일이다.
④ 코로나19 확진자 수는 늘었다 줄었다를 계속 반복하고 있다.
⑤ 코로나19 확진자 수는 조금씩이지만 줄어드는 추세이다.

19

꺾은선그래프

꺾은선그래프 그리고 해석하기

step 1 30초 개념

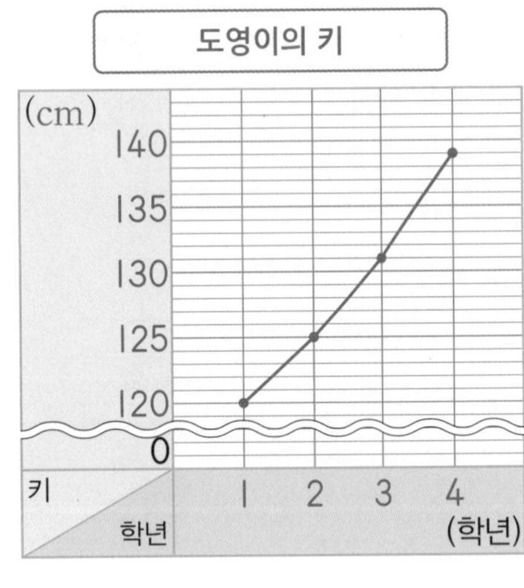

• 꺾은선그래프를 그리는 방법

① 가로와 세로에 내용을 적고, 세로 눈금에 수를 적습니다.

② 자료 값에서 가장 작은 수와 큰 수를 보고 세로에 넣을 수를 정합니다.

③ 필요 없는 부분을 물결선으로 나타내고 물결선 위로 시작할 수를 정합니다.

④ 자료 값을 점으로 표시한 다음 선분으로 이어 나타냅니다.

⑤ 꺾은선그래프에 알맞은 제목을 붙입니다.

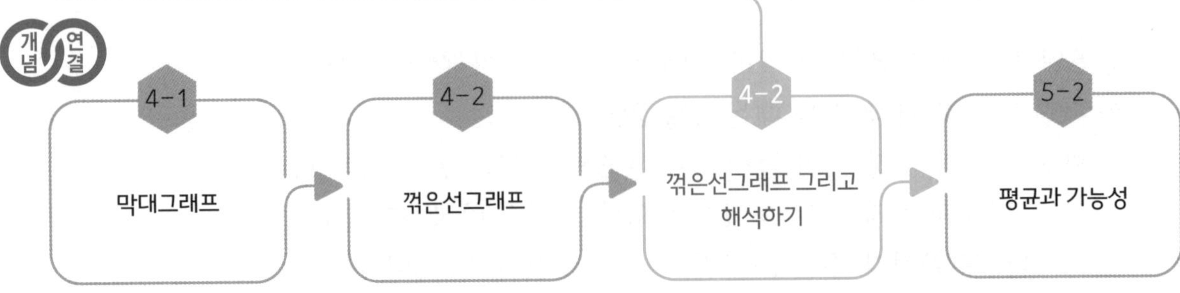

step 2 설명하기

질문 ❶ Ⅰ월의 최고 기온을 조사한 표를 꺾은선그래프로 나타내고, 그 과정을 설명해 보세요.

1월의 최고 기온

날짜(일)	6	13	20	27
기온(℃)	3.5	1.5	2.5	3.0

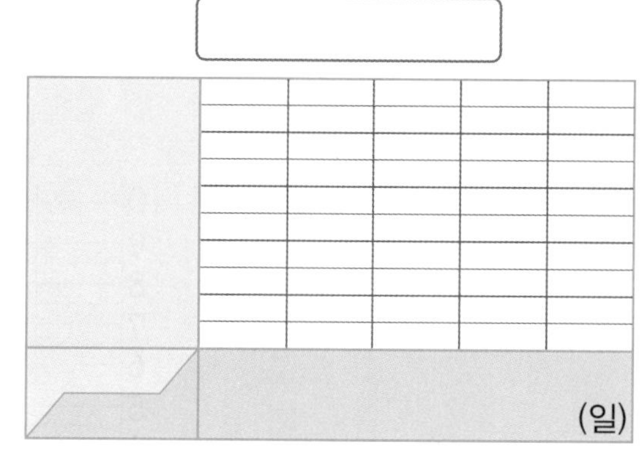

설명하기
① 꺾은선그래프의 가로에 날짜, 세로에 기온을 나타냅니다.
② 세로 눈금 한 칸이 0.5 ℃를 나타내게 합니다.
③ 날짜별 기온에 따라 먼저 점을 찍고, 점끼리 선분으로 잇습니다.
④ 꺾은선그래프에 제목을 붙입니다.

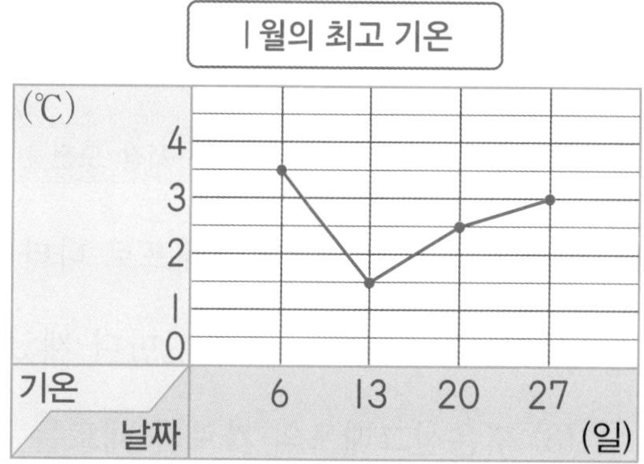

질문 ❷ 위에서 그린 꺾은선그래프를 보고 알 수 있는 내용을 3가지 설명해 보세요.

설명하기
① 최고 기온이 가장 높은 날은 1월 6일이고, 가장 낮은 날은 1월 13일입니다.
② 1월 최고 기온은 중간에 낮아지다가 다시 높아집니다.
③ 1월 10일의 최고 기온은 6일과 13일 기온의 중간인 2.5 ℃ 정도였을 것 같습니다.
④ 2월에는 최고 기온이 1월보다 높을 것으로 예상됩니다.

1 선우가 복도의 온도를 하루 동안 측정하여 만든 표입니다. 물음에 답하세요.

복도의 온도

시각(시)	9	10	11	12	1	2
온도(℃)	1.5	3.5	8	9.5	7	8

복도의 온도

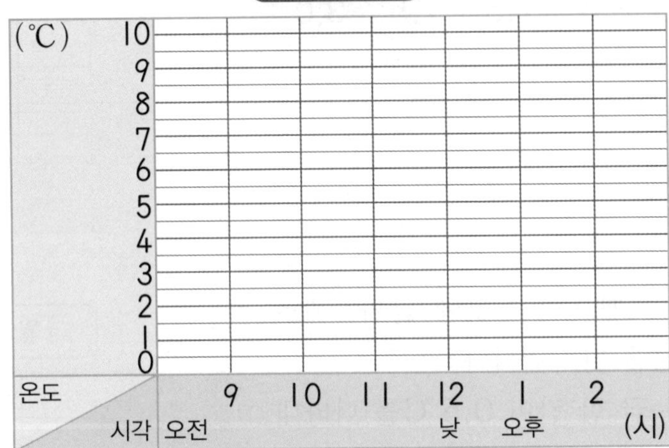

(1) 표를 보고 꺾은선그래프로 나타내어 보세요.

(2) 선우는 온도를 몇 시간마다 재었나요? (　　　　　　)

(3) 꺾은선그래프의 가로와 세로는 무엇을 나타내고 있나요?

가로 (　　　　　　), 세로 (　　　　　　)

(4) 복도의 온도가 가장 높은 때는 몇 시인가요? (　　　　　　)

(5) 온도가 가장 많이 변한 때는 몇 시와 몇 시 사이인가요? (　　　　　　)

2 다음은 혜정이가 기르는 식물의 키를 매일 재어서 나타낸 그래프입니다. 세로 눈금 한 칸을 0.1 cm로 하여 그래프를 다시 그린다면 4일과 5일 사이 세로 눈금의 차이는 몇 칸이 될까요?

(　　　　　　)

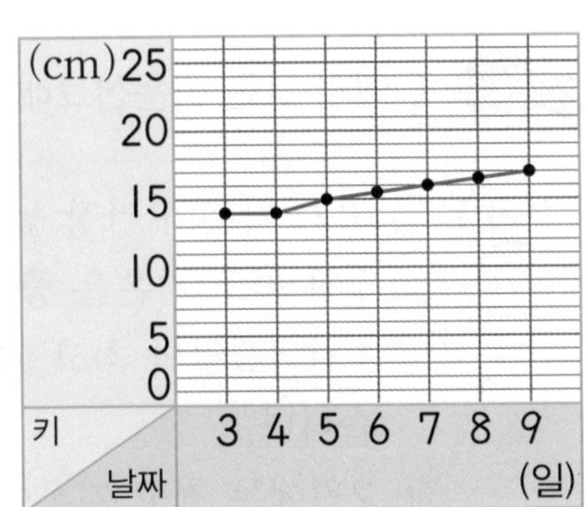

3 어느 건물의 안과 밖의 온도를 조사하여 나타낸 꺾은선그래프를 보고 물음에 답하세요.

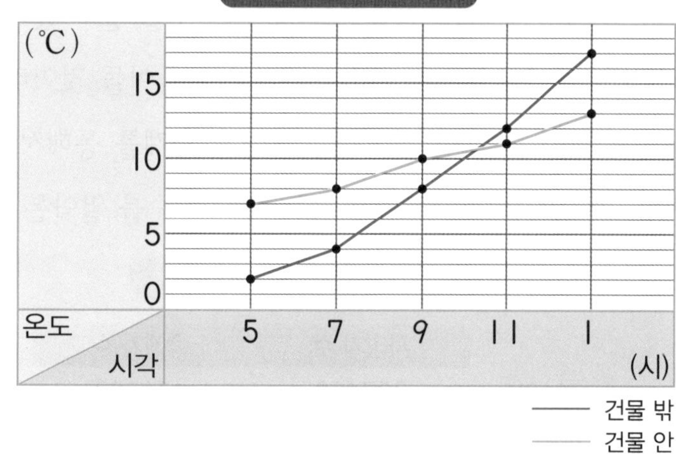

(1) 11시에 건물 안과 밖의 온도 차는 몇 도인가요? ( )

(2) 온도 차가 가장 큰 때는 몇 시인가요? ( )

(3) 건물 밖의 온도가 건물 안의 온도보다 높아지는 때는 몇 시와 몇 시 사이인가요?

( )

step 4 도전 문제

4 봄이가 줄넘기를 한 개수를 조사하여 나타낸 표와 꺾은선그래프입니다. 줄넘기를 5회에는 4회보다 10개 더 많이 했을 때 표와 꺾은선그래프를 각각 완성해 보세요.

줄넘기를 한 개수

횟수(회)	1	2	3	4	5
개수(개)	32	26			

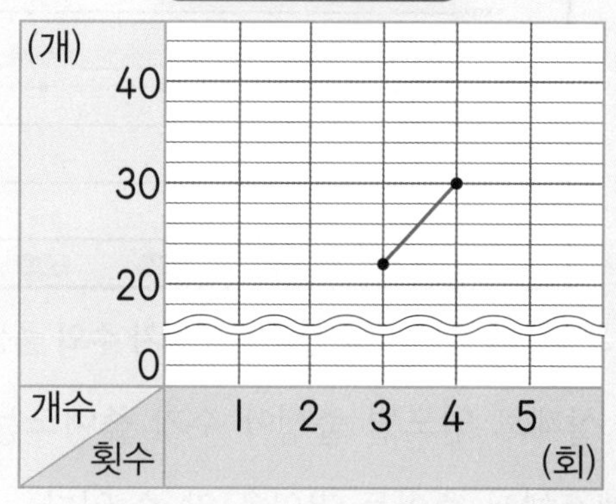

미래 인구는 어떻게 될 것인가?

인구 문제는 우리에게 많은 영향을 미친다. 인구가 너무 많아도 문제가 되고, 너무 적어도 사회적인 문제가 된다. 오늘날 우리는 '저출산 고령화* 사회'를 살고 있다. 출산율은 줄어들고, 의학 기술 발달로 수명은 길어지고 있다. 미래에 인구가 줄어들 것이라는 예측은 매우 자연스러운 것일지도 모른다. 앞으로 그럴 것이라는 사실은 통계를 통해서 수학적으로도 짐작할 수 있다. 다음은 우리나라에서 매년 태어나고 죽는 사람의 수를 알아본 결과이다.

전국 사망자 수와 출생자 수 (명)

	사망자 수	출생자 수
2012년	257400	471300
2013년	267200	484600
2014년	266300	436500
2015년	267700	435400
2016년	275900	438400
2017년	281000	406300

(통계청)

언뜻 보면 사망자 수가 출생자 수보다 훨씬 적기 때문에 앞으로 인구가 계속 늘어날 것으로 생각할 수 있다. 하지만 이 표를 아래와 같이 그래프로 나타내어 보면 조금 다른 사실을 발견할 수 있다. 출생자 수는 줄어들고 사망자 수는 아주 조금씩이지만 늘어나고 있는 것이다. 이런 상태가 계속되면 출생자 수보다 사망자 수가 더 많아질 수 있다.

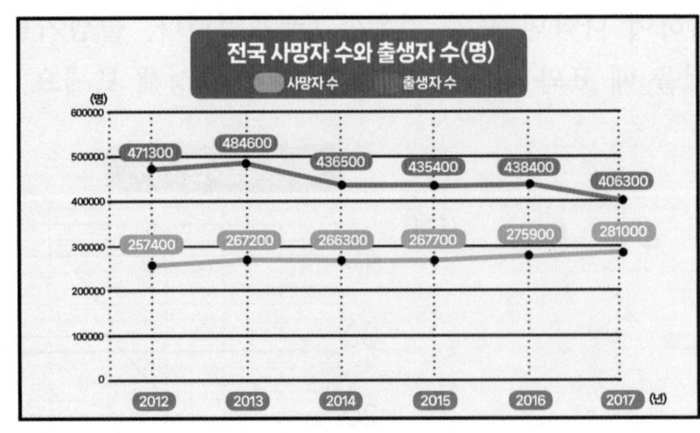

▲ 전국의 사망자 수와 출생자 수

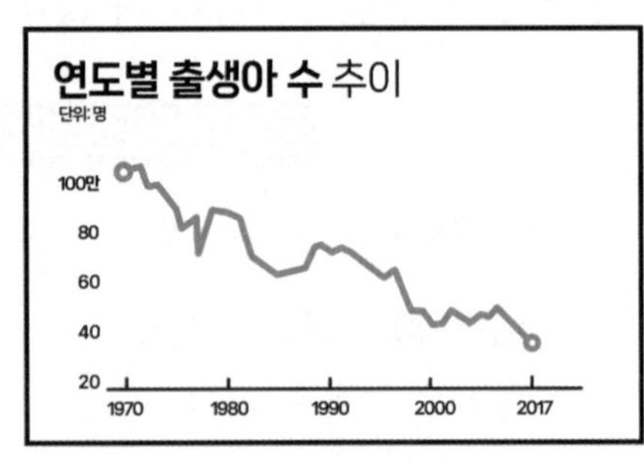

▲ 연도별 출생아 수 추이

실제로 연도별 출생아 수가 줄어드는 것을 위의 그래프에서 확인할 수 있다. 이로써 인구는 계속해서 줄어들 것임을 알 수 있다.

* **저출산 고령화**: 출산율은 낮아지고 수명은 증가하여 노인의 인구 비율이 높아지는 일

1 글을 읽고 □ 안에 알맞은 말을 써넣으세요.

오늘날의 사회는 인구 측면에서 □□□ □□□ 사회라고 불린다.

2 이 글에서 앞으로 인구가 줄어들 것이라고 예측하는 이유를 찾아 써 보세요.

이유 ______________________________

3 이 글에 나오는 표를 보고 알 수 있는 사실은? (   )

① 사망자 수가 계속 늘어나고 있다.
② 출생자 수는 계속 감소하고 있다.
③ 매년 출생자 수는 사망자 수보다 많다.
④ 의학 기술의 발달로 사망자 수는 줄어들고 있다.
⑤ 사망자 수는 급격하게 늘어나고, 출생자 수는 급격하게 줄어들고 있다.

4 이 글의 '전국 사망자 수와 출생자 수' 그래프를 보고 물음에 답하세요.

(1) 출생자 수가 가장 많은 해는 언제일까요?

(   )

(2) 사망자 수가 가장 많은 해는 언제일까요?

(   )

(3) 출생자 수가 가장 적으면서 사망자 수가 가장 많은 해는 언제일까요?

(   )

(4) 두 그래프의 간격은 앞으로 어떻게 변할까요?

(   )

5 이 글의 '연도별 출생아 수 추이' 그래프를 통해 앞으로 출생아 수가 어떻게 변할지 예상해 보세요.

예상 ______________________________

20 다각형

다각형

step 1 30초 개념

- 선분으로만 둘러싸인 도형을 다각형이라고 합니다.
- 다각형은 변의 수에 따라 변이 6개이면 육각형, 변이 7개이면 칠각형, 변이 8개이면 팔각형이라고 부릅니다.

개념 연결

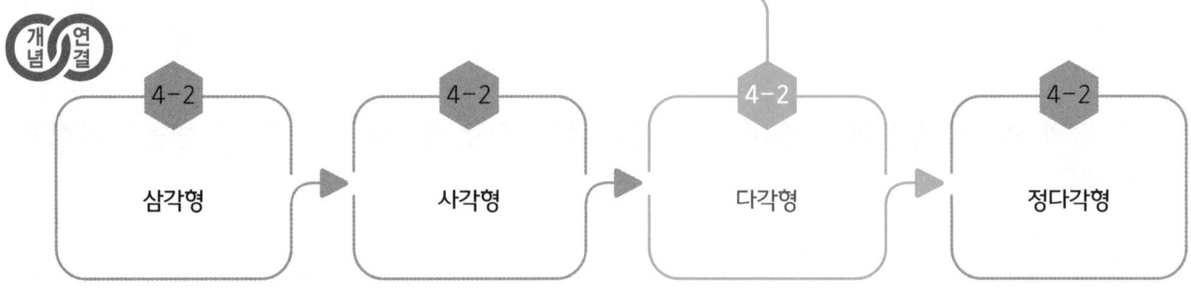

step 2 설명하기

질문 ❶ 다음 도형 중 다각형이 아닌 것을 찾고, 그 이유를 설명해 보세요.

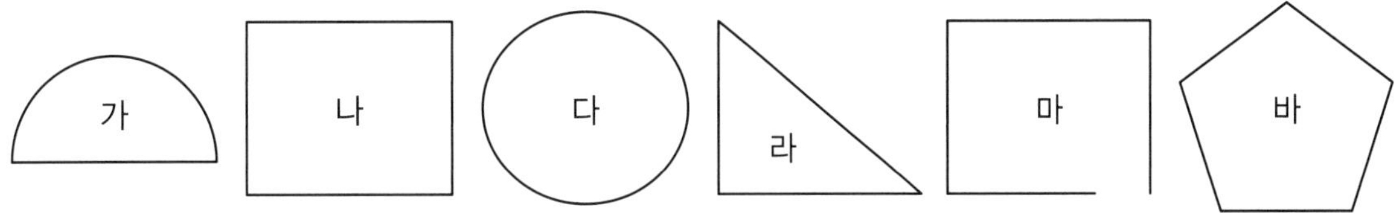

설명하기 다각형이 아닌 것은 가, 다, 마입니다.
가는 선분으로만 둘러싸인 도형이 아니라 곡선이 포함된 도형이기 때문에 다각형이 아닙니다.
다는 곡선으로만 이루어진 도형이기 때문에 다각형이 아닙니다.
마는 선분으로 둘러싸이지 않고 열려 있기 때문에 다각형이 아닙니다.

질문 ❷ 다음 다각형을 관찰하여 이름과 변, 꼭짓점, 각의 개수를 쓰고 이를 통해 발견한 사실을 정리해 보세요.

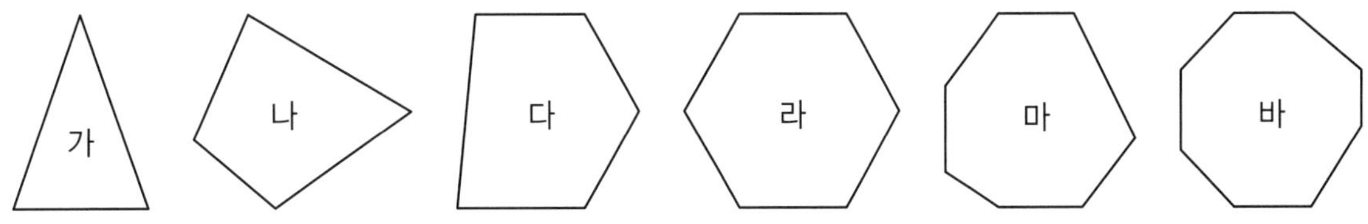

설명하기

다각형	가	나	다	라	마	바
이름	삼각형	사각형	오각형	육각형	칠각형	팔각형
변의 개수	3	4	5	6	7	8
꼭짓점의 개수	3	4	5	6	7	8
각의 개수	3	4	5	6	7	8

각각의 다각형은 그 도형의 이름과 변, 꼭짓점, 각의 개수가 모두 똑같습니다.

[1~3] 도형을 보고 물음에 답하세요.

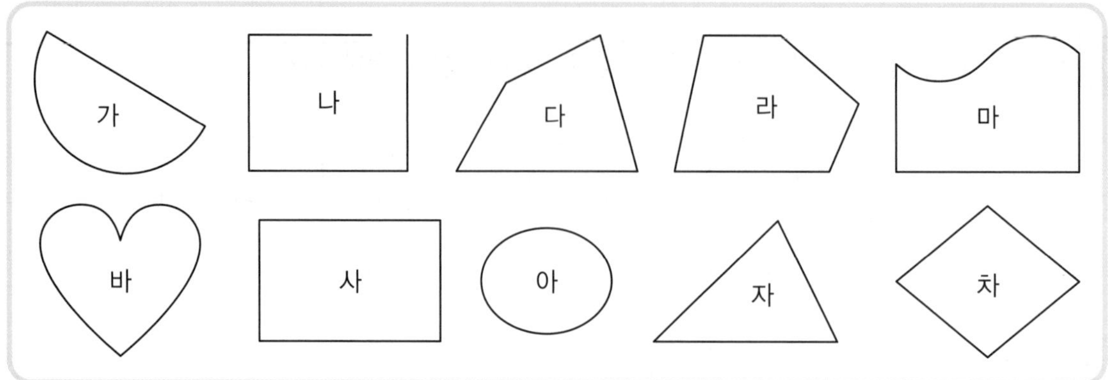

1 다각형을 모두 찾아 기호를 써 보세요.

( )

2 삼각형을 모두 찾아 기호를 써 보세요.

( )

3 사각형을 모두 찾아 기호를 써 보세요.

( )

4 다각형의 이름을 써 보세요.

(1)

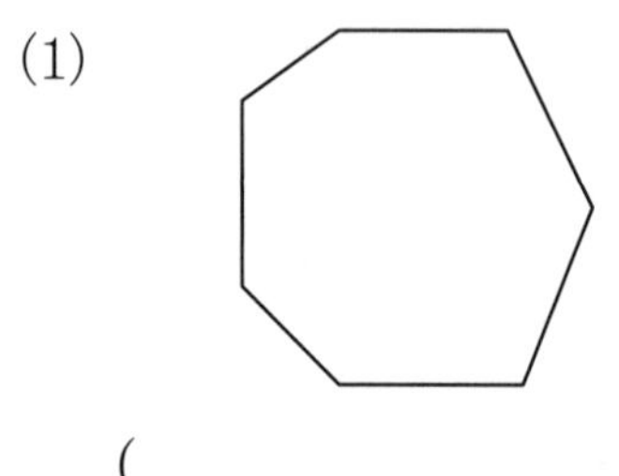

( )

(2)

( )

5 다음 도형이 다각형이 <u>아닌</u> 이유를 설명해 보세요.

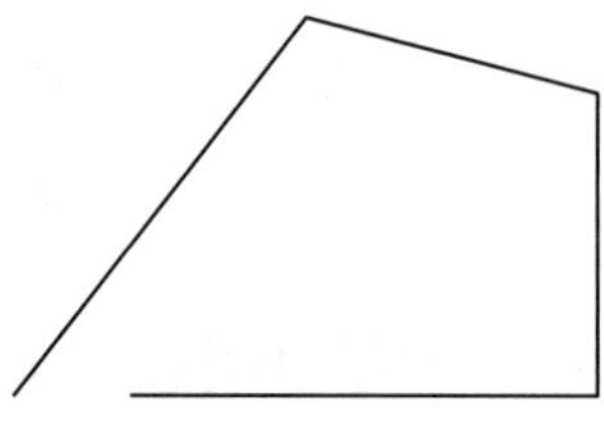

이유

6 칠교 조각을 보고 물음에 답하세요.

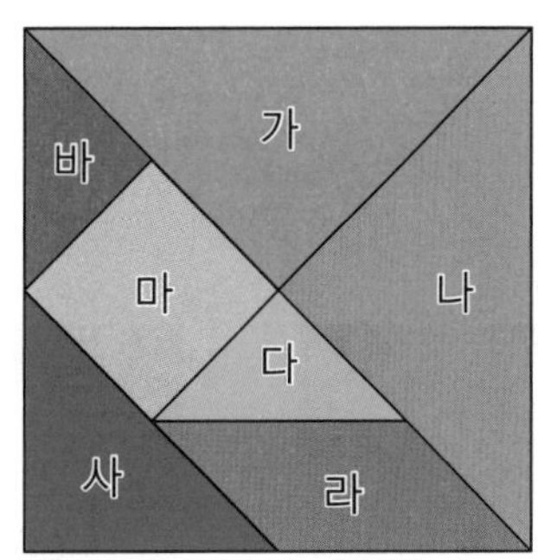

(1) 삼각형을 모두 찾아 기호를 써 보세요.

( )

(2) 사각형을 모두 찾아 기호를 써 보세요.

( )

step 4 도전 문제

7 원형 도형판에 육각형을 그려 보세요.

8 빈칸에 알맞은 다각형의 이름 또는 수를 써넣으세요.

다각형	칠각형			
변의 수(개)			11	
꼭짓점의 수(개)		9		15

꽃에서 찾은 도형

우리 주변의 꽃들을 잘 살펴보세요. 그리고 꽃잎을 세어 보세요. 꽃잎이 3장인 꽃도 있고, 4장, 5장, 6장인 꽃도 있어요. 우리는 이 꽃들을 이용해서 자나 컴퍼스 없이도 여러 도형을 그려 낼 수 있어요.

자주달개비와 사마귀풀에서는 삼각형을 찾을 수 있고, 보라유채꽃과 개나리꽃에서는 사각형을 찾을 수 있습니다. 제비꽃과 벚꽃에서는 오각형을 찾을 수 있고, 백합과 붓꽃에서는 육각형 모양을 찾을 수 있어요.

꽃잎의 수를 세어 보면, 삼각형 모양의 꽃은 3장, 사각형 모양의 꽃은 4장, 오각형 모양의 꽃은 5장, 육각형 모양의 꽃은 6장입니다. 꽃잎의 장수와 다각형의 이름이 맞아떨어지는 이유는 바로 꽃잎이 정확하게 120도, 90도, 72도, 60도 등으로 나뉘어 있기 때문이에요. 각도기로 정확히 재어 꽃잎이 그렇게 나도록 한 것도 아닌데, 참 신기한 일이지요.

꽃잎 이외에도 자연 속에서 찾을 수 있는 수학이 아직 많아요. 예전 캘리포니아의 한 대학에서는 '텃밭에서 배우는 수학'이라는 프로그램을 개발했을 정도예요. 자연에 조금만 더 관심을 가지고 살펴보세요. 여러분도 자연 속에서 수학을 찾을 수 있답니다.

1 이 글의 주제는 무엇인지 □ 안에 알맞은 말을 써넣어 문장을 완성해 보세요.

□에서 □□□을 찾을 수 있다.

2 꽃과 꽃에서 찾을 수 있는 도형이 바르게 짝 지어지지 <u>않은</u> 것은? (　　　　)

① 자주달개비—삼각형　② 개나리꽃—사각형　③ 붓꽃—육각형
④ 벚꽃—사각형　⑤ 제비꽃—오각형

3 꽃잎의 수와 다각형은 서로 어떤 관계가 있는지 설명해 보세요.

설명

4 점 종이에 꽃에서 찾을 수 있는 다각형을 다양하게 그려 보세요.

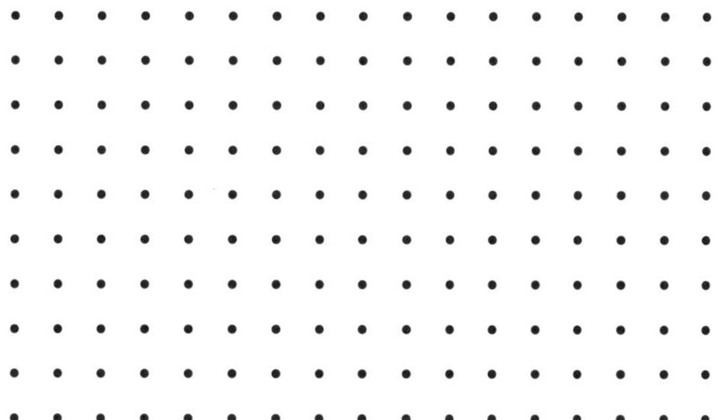

5 꽃 이외에도 자연 속에서는 또 다른 다각형을 찾을 수 있습니다. 다음과 같은 눈의 결정에서는 어떤 다각형을 찾을 수 있을까요?

(　　　　　　　　　)

21 다각형

정다각형

step 1 30초 개념

• 변의 길이가 모두 같고, 각의 크기가 모두 같은 다각형을 정다각형이라고 합니다.

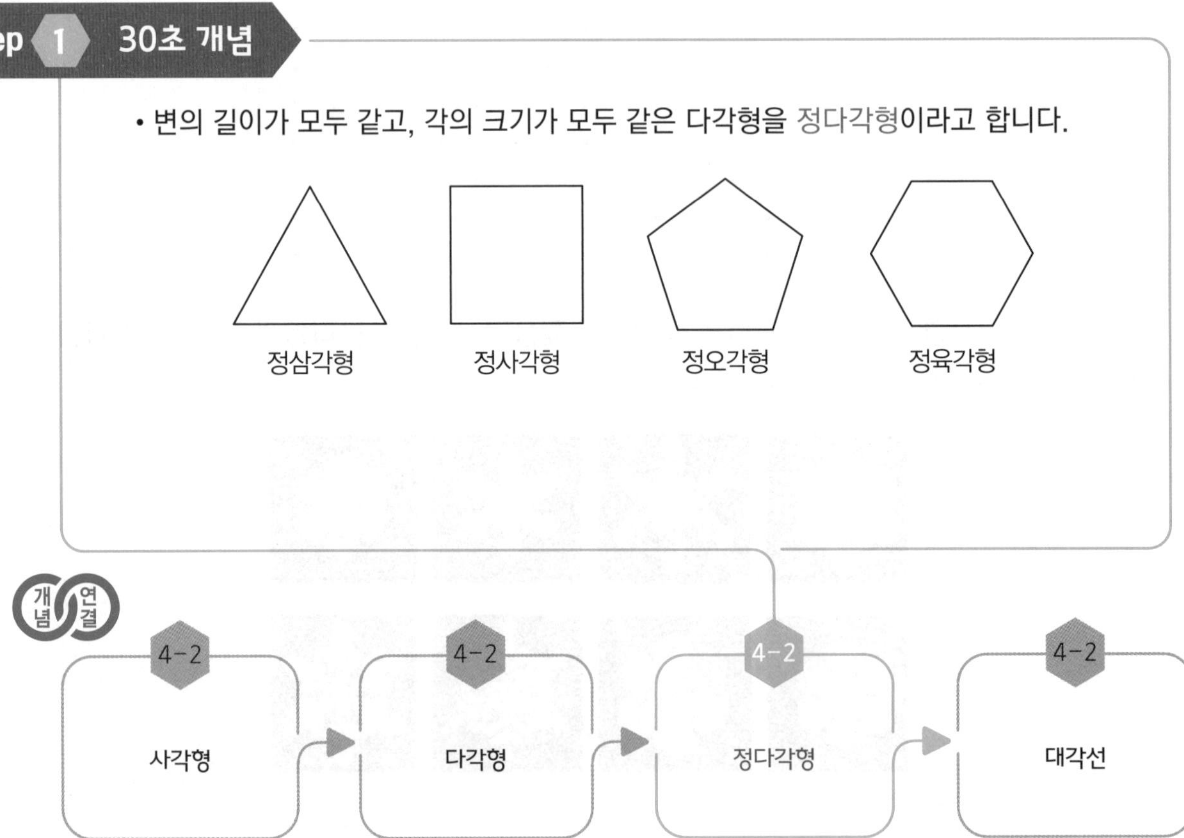

질문 ❶ 주어진 도형 중 정다각형이 아닌 것을 찾고, 그 이유를 설명해 보세요.

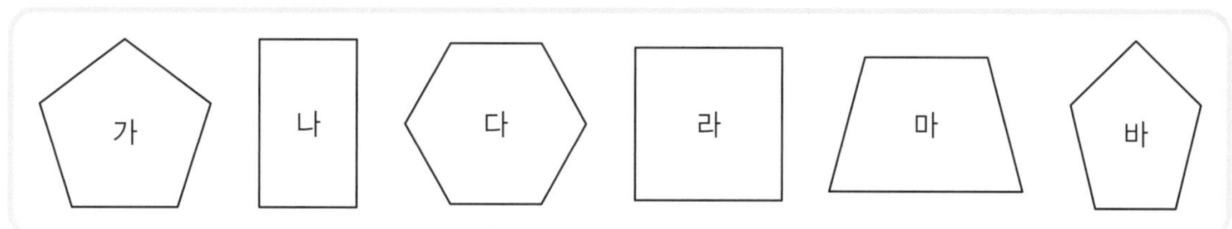

설명하기 정다각형이 아닌 것은 나, 마, 바입니다.
나는 각의 크기는 모두 같으나 변의 길이가 같지 않은 것이 있기 때문에 정다각형이 아닙니다.
마는 각의 크기가 같지 않은 것이 있고, 변의 길이도 같지 않은 것이 있기 때문에 정다각형이 아닙니다.
바는 변의 길이와 각의 크기가 서로 다르기 때문에 정다각형이 아닙니다.

질문 ❷ 원형 도형판에 다음 정다각형을 그려 보세요.

(1) 정삼각형 (2) 정사각형
(3) 정육각형 (4) 정십이각형

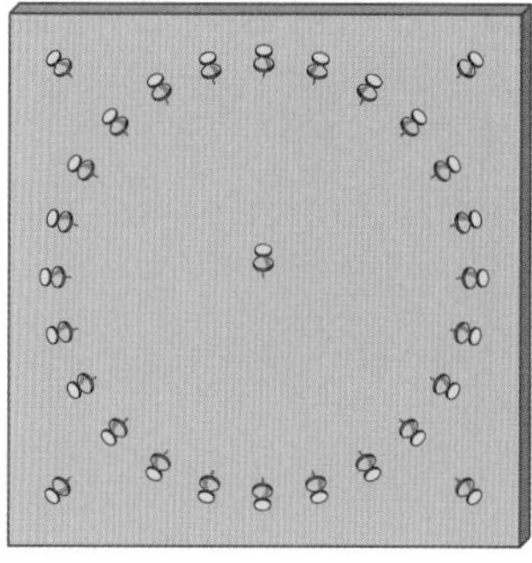

설명하기

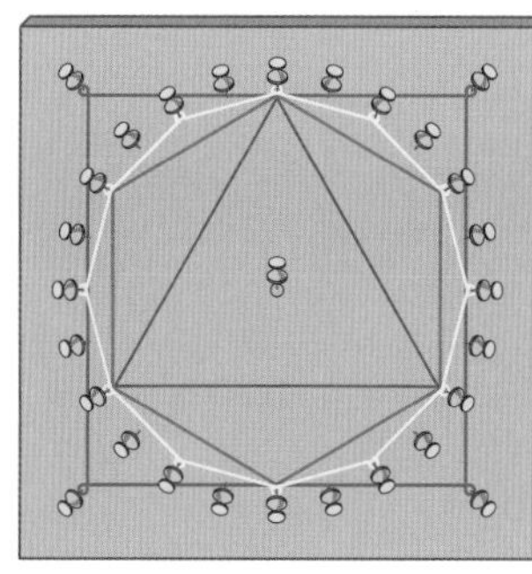

(1) 정삼각형은 보라색
(2) 정사각형은 빨간색
(3) 정육각형은 파란색
(4) 정십이각형은 노란색입니다.

1 정다각형인 것을 모두 찾아 기호를 써 보세요.

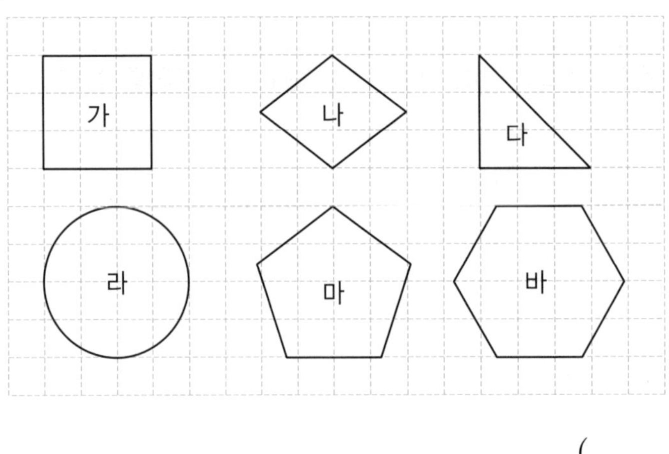

( )

2 다음 도형이 정다각형인지 아닌지 알아보고, 그 이유를 써 보세요.

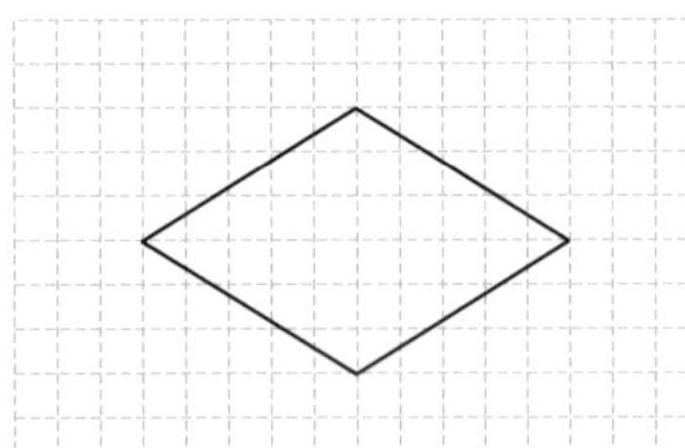

3 정다각형의 변의 길이의 합을 구해 보세요.

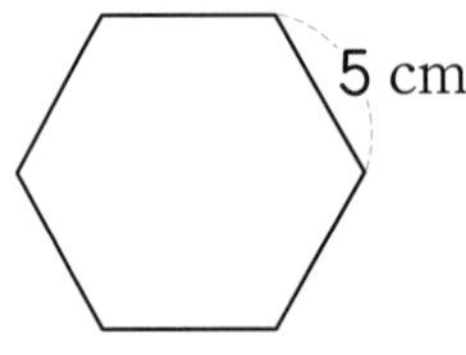

( )

4 정육각형의 □ 안에 알맞은 수를 써넣으세요.

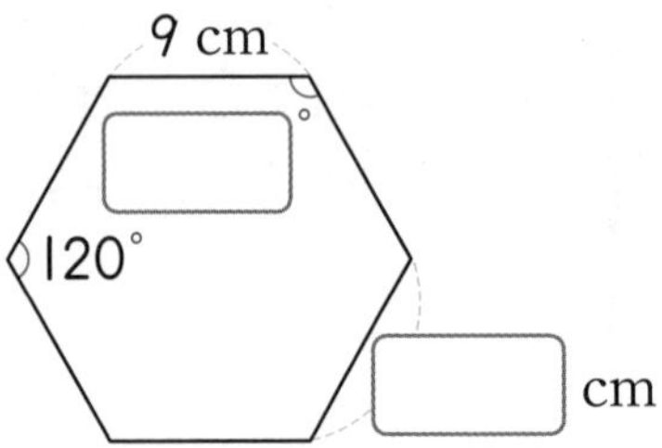

5 정다각형을 모두 찾아 정다각형의 이름과 기호를 써 보세요.

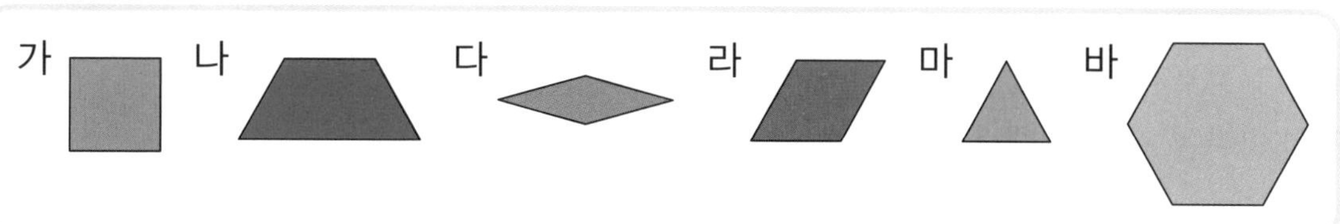

이름	기호

step 4 도전 문제

6 여름이가 만든 정팔각형의 한 변의 길이는 몇 cm인지 구해 보세요.

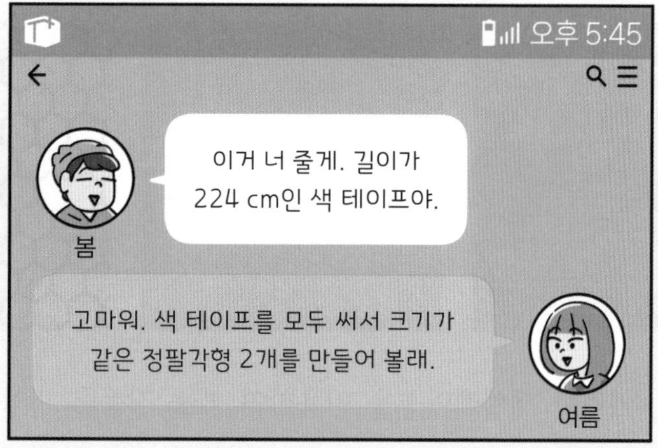

(　　　　　　　)

7 다음 도형은 정다각형을 겹치지 않게 이어 붙여서 만든 것입니다. 도형 둘레의 굵은 선의 길이는 몇 cm인지 구해 보세요.

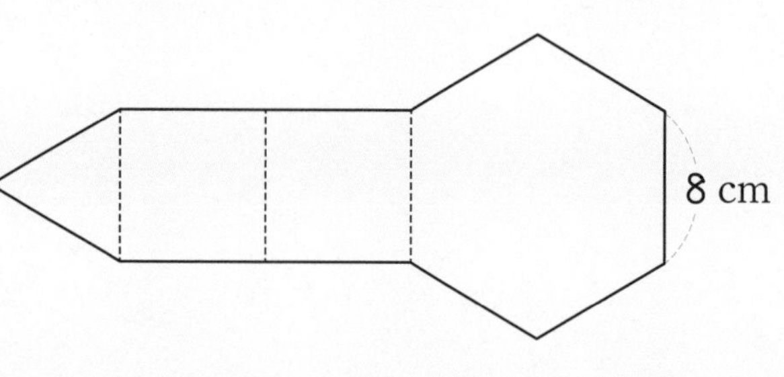

(　　　　　　　)

우리 집 욕실 타일에 수학이?

우리는 수학을 생활 곳곳에서 찾아볼 수 있다.

우리 집을 떠올려 보자. 욕실 바닥이나 벽 타일, 그리고 방과 거실의 벽지 무늬에서 '테셀레이션'이라는 수학적 개념을 발견할 수 있다.

테셀레이션은 한 가지 이상의 도형을 빈틈없이, 그러면서도 겹치지 않게 맞추고 이를 반복하여 그린 것을 말한다. 우리말로는 '쪽매맞춤'이라고 한다. 아래 그림처럼 정삼각형, 정사각형, 정육각형만이 그 도형으로 주어진 공간을 빈틈없이 메울 수 있다. 정다각형 중에서 정오각형이나 정칠각형으로는 불가능하다.

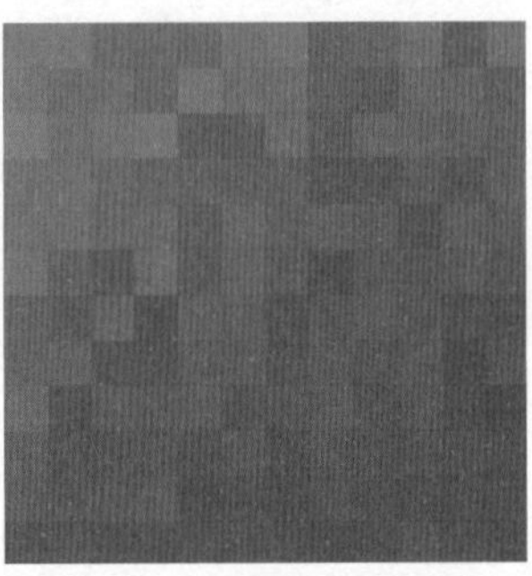
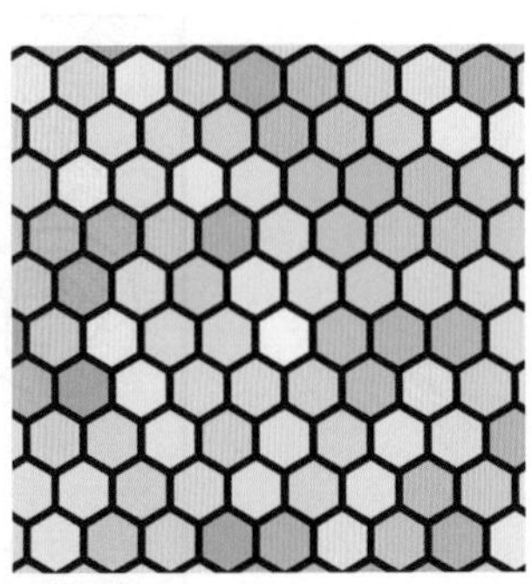

'에셔'라는 화가는 이러한 테셀레이션을 이용하여 예술 작품을 만들었다. 정다각형을 변형하여 여러 가지 테셀레이션 그림을 만든 것이다. 또, 전 세계에서 아름다운 장소로 손꼽히는 스페인 알람브라궁전에서도 벽과 천장 등에서 아주 다양한 테셀레이션을 찾아볼 수 있다.

1 이 글의 중심 내용은 무엇인지 □ 안에 알맞은 말을 써넣으세요.

우리 집 욕실 타일에서도 □□적 개념을 찾을 수 있다. 이처럼 우리는 생활 곳곳에서 □□을 찾아볼 수 있다.

2 테셀레이션의 의미를 설명해 보세요.

설명

3 테셀레이션을 만들 수 있는 정다각형이 아닌 것을 모두 찾아보세요. (   )

① 정삼각형 ② 정사각형 ③ 정오각형
④ 정육각형 ⑤ 정칠각형

4 정다각형의 성질을 모두 찾아 기호를 써 보세요.

㉠ 정다각형은 모든 변의 길이가 같다.
㉡ 모든 정다각형은 하나의 정다각형을 이용하여 바닥을 빈틈없이 메울 수 있다.
㉢ 정다각형은 모든 각의 크기가 같다.
㉣ 하나의 정다각형으로 바닥을 메울 수 있는 경우는 몇 가지뿐이다.

(   )

5 욕실 타일 외에 테셀레이션이 사용된 곳은 어디인지 찾아보세요.

22 다각형 대각선

step 1 30초 개념

• 다각형에서 선분 ㄱㄷ, 선분 ㄴㄹ과 같이 서로 이웃하지 않는 두 꼭짓점을 이은 선분을 대각선이라고 합니다.

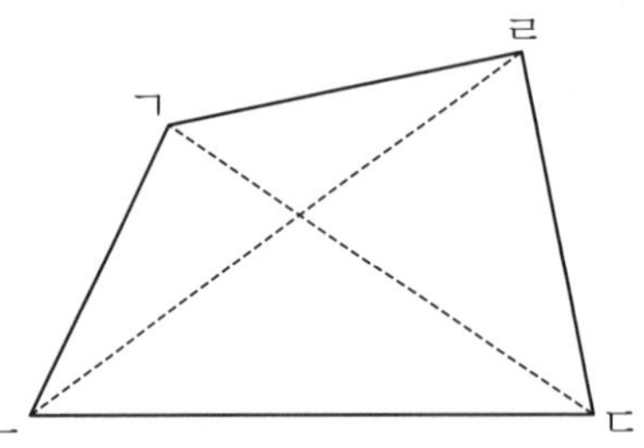

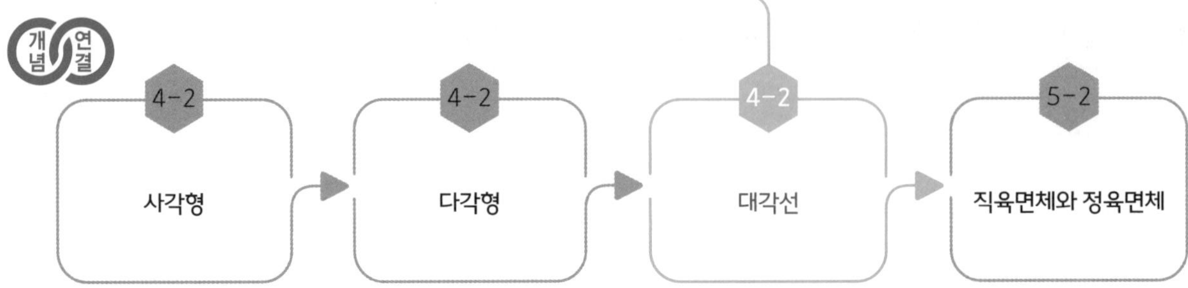

step 2 설명하기

질문 ❶ 삼각형에 대각선을 몇 개 그을 수 있는지 구하고, 그 이유를 설명해 보세요.

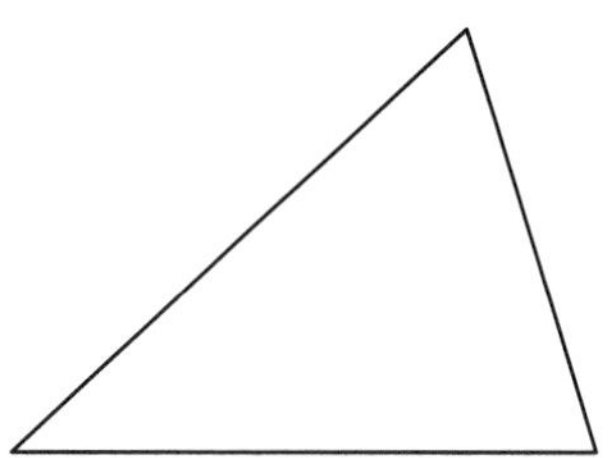

설명하기 삼각형의 대각선의 개수는 0개입니다.
모든 꼭짓점이 서로 이웃하고 있기 때문에 삼각형에는 대각선을 그을 수 없습니다.

질문 ❷ 오각형과 육각형에 그을 수 있는 대각선을 모두 긋고, 그 개수를 세어 보세요.

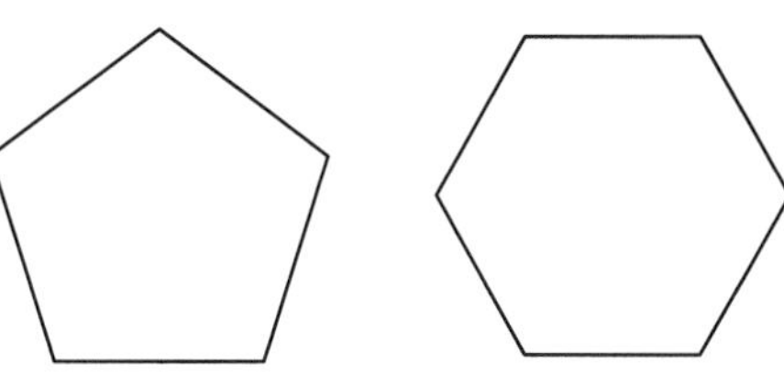

설명하기

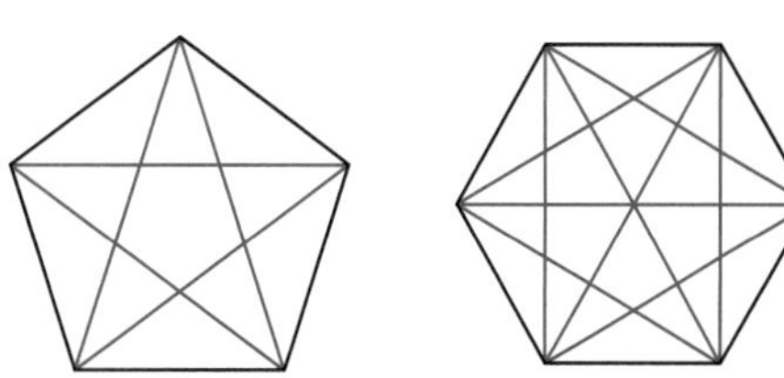

오각형의 대각선의 개수는 5개이고, 육각형의 대각선의 개수는 9개 입니다.

1 □ 안에 알맞은 말을 써넣으세요.

> 다각형에서 서로 이웃하지 않는 두 꼭짓점을 이은 선분을 [　　　] 이라고 합니다.

2 꼭짓점 ㄷ에서 그을 수 있는 대각선은 몇 개일까요?

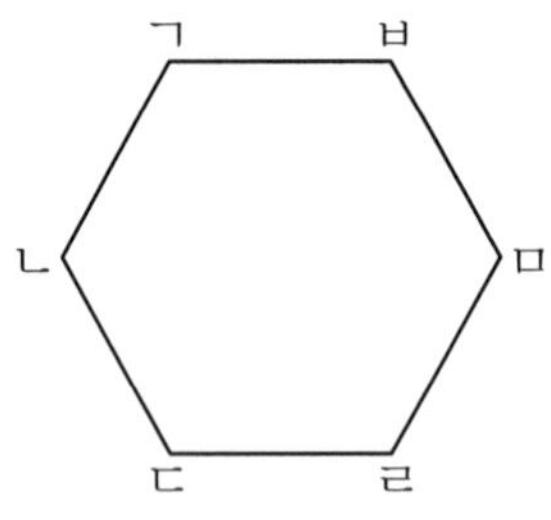

(　　　　　　　　)

[3~4] 도형을 보고 물음에 답하세요.

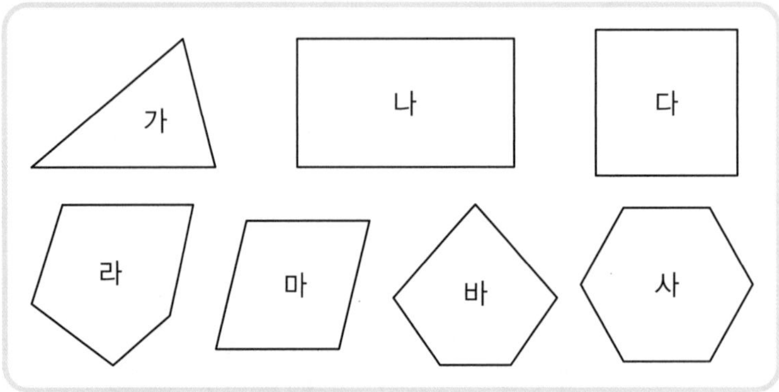

3 대각선의 수가 2개인 도형을 모두 찾아 기호를 써 보세요.

(　　　　　　　　)

4 대각선의 수가 가장 많은 도형의 기호를 써 보세요.

(　　　　　　　　)

5 다음 중 대각선을 그을 수 없는 도형은? (　　　　)

① 사각형　　② 팔각형　　③ 오각형
④ 삼각형　　⑤ 육각형

6 두 대각선의 길이가 같고, 서로 수직으로 만나는 사각형은? (　　　　)

① 

② 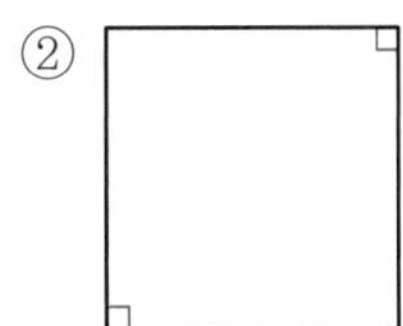

③  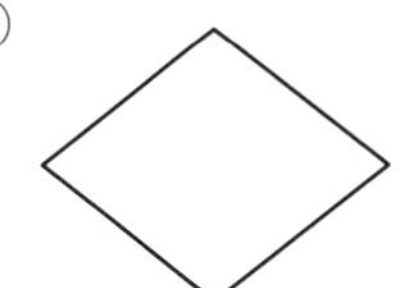

④

⑤ 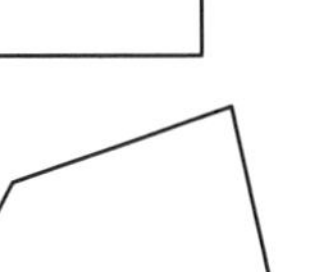

step 4 도전 문제

7 직사각형 ㄱㄴㄷㄹ에서 두 대각선의 길이의 합이 32 cm일 때, 선분 ㄱㅁ의 길이는 몇 cm일까요?

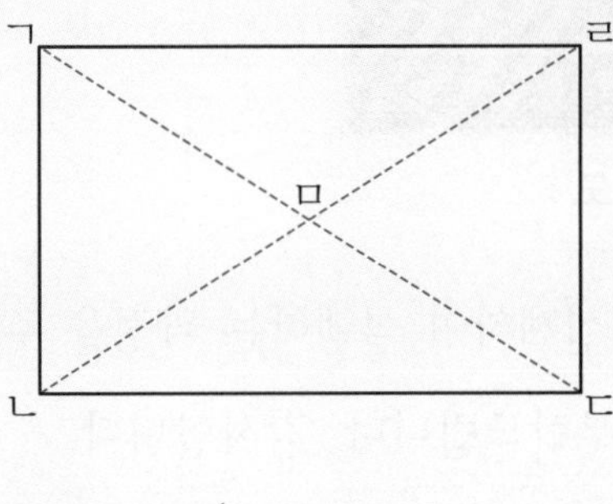

(　　　　　　)

8 오각형과 칠각형의 모든 대각선의 수의 차는 몇인지 구해 보세요.

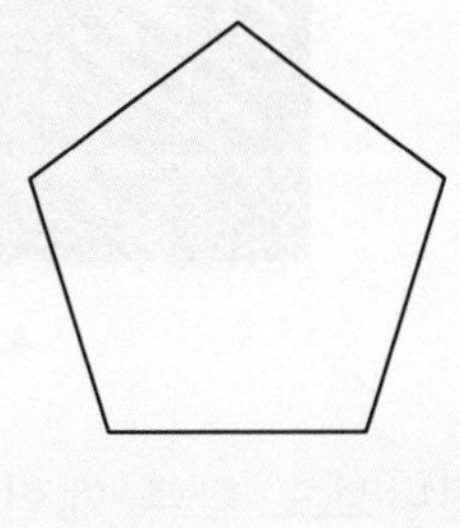 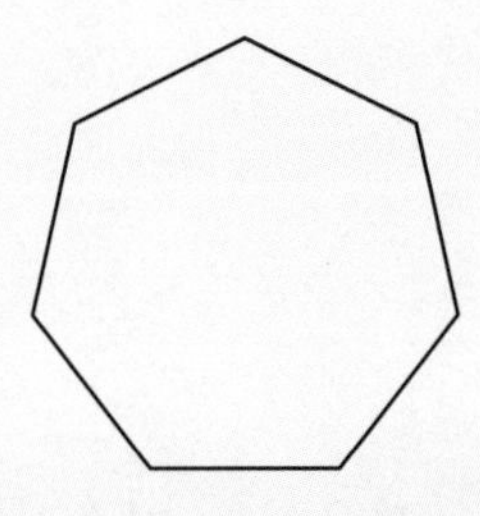

(　　　　　　)

대각선 횡단보도 확충… 지속적으로 실행해 나갈 예정

우리 서울시는 시민들의 안전한 도로 보행을 돕기 위해 횡단보도 확충*에 지속적으로 힘써 왔습니다. 그 결과, 2021년에만 총 28개의 횡단보도를 설치 및 개통*하는 성과를 거두었습니다. 2022년도에도 31개를 추가 설치하는 등 안전한 교통 환경 조성을 위해 노력하고 있습니다.

'X자 횡단보도'라고 불리는 대각선 횡단보도의 경우, 돌아가야 하는 불편함을 많이 감소시킬 뿐만 아니라 어린이 보호 구역 등 보행 안전이 필수적인 곳에서는 어린이나 노약자 등의 교통 약자가 안심하고 길을 건널 수 있는 환경을 제공하고 있습니다. 이에 따라 우리 서울시는 2021년에만 이태원역, 신세계백화점 앞 교차로 등 사람이 많이 다니고 쇼핑 및 관광이 많이 이루어지는 지점 14곳에 대각선 횡단보도를 설치했습니다. 또한 신양초교, 삼선초교, 성동초교, 영문초교 등 어린이 보호 구역 내에도 대각선 횡단보도를 설치하면서 보행자의 편리성과 안정성을 향상시켰습니다.

▲ 대각선 횡단보도

서울시는 지속적인 횡단보도 확충 계획을 수립하고 설계하여 실행하는 과정을 추진할 예정입니다. 아무쪼록 시민 여러분들의 많은 관심과 성원 부탁드립니다. 감사합니다.

* **확충**: 늘리고 넓혀 충실하게 함.
* **개통**: 길, 다리, 철도 등을 완성하거나 이어 통하게 함.

1 이 글의 목적은 무엇인지 □ 안에 알맞은 말은? (　　　　)

이 글의 목적은 대각선 횡단보도 설치 결과와 계획을 □□는 것이다.

① 설명　　② 주장　　③ 홍보
④ 방송　　⑤ 자랑

2 대각선 횡단보도를 설치하면 보행자에게 어떤 점이 좋은지 써 보세요.

3 대각선의 의미는 무엇인지 □ 안에 알맞은 말을 써넣으세요.

대각선은 □ 않는 두 꼭짓점을 이은 선분이다.

4 각각의 도형에 대각선을 모두 그어 보세요.

5 사각형에 그릴 수 있는 대각선은 모두 몇 개인지 구해 보세요.

(　　　　　　　　)

01 진분수의 덧셈

step 3 개념 연결 문제 (012~013쪽)

1 예

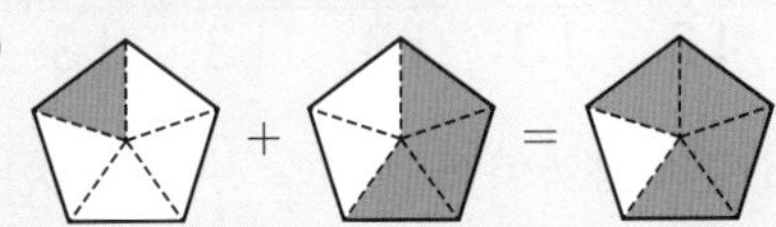

;

1, 3, 4

2 예 ; 1, 4, 5

3 $\frac{2}{8}$, $\frac{3}{8}$; 5　　**4** 5, 2, 7, 7

5 (1) 4, 2, 6　(2) 5, 5, 10

6 (1) $\frac{10}{13}$　(2) $\frac{14}{17}$

step 4 도전 문제 (013쪽)

7 (위에서부터) $\frac{6}{14}$, $\frac{8}{14}$, $\frac{10}{14}$, $\frac{8}{14}$, $\frac{10}{14}$, $\frac{12}{14}$

8 1, 2, 3, 4, 5, 6

6 (1) $\frac{4}{13}+\frac{6}{13}=\frac{4+6}{13}=\frac{10}{13}$

(2) $\frac{10}{17}+\frac{4}{17}=\frac{10+4}{17}=\frac{14}{17}$

7 $\frac{1}{14}+\frac{5}{14}=\frac{1+5}{14}=\frac{6}{14}$,

$\frac{3}{14}+\frac{5}{14}=\frac{3+5}{14}=\frac{8}{14}$,

$\frac{5}{14}+\frac{5}{14}=\frac{5+5}{14}=\frac{10}{14}$,

$\frac{1}{14}+\frac{7}{14}=\frac{1+7}{14}=\frac{8}{14}$,

$\frac{3}{14}+\frac{7}{14}=\frac{3+7}{14}=\frac{10}{14}$,

$\frac{5}{14}+\frac{7}{14}=\frac{5+7}{14}=\frac{12}{14}$

8 $\frac{4}{11}+\frac{\square}{11}$의 계산 결과가 진분수가 되기 위해서는 $\frac{4}{11}+\frac{\square}{11}=\frac{4+\square}{11}<\frac{11}{11}$이어야 합니다.
따라서 $4+\square<11$이므로 □ 안에는 1, 2, 3, 4, 5, 6이 들어갈 수 있습니다.

step 5 수학 문해력 기르기 (015쪽)

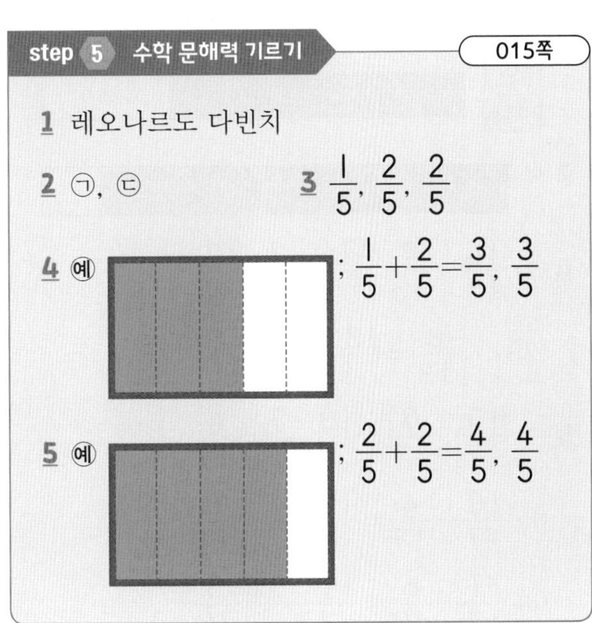

1 레오나르도 다빈치

2 ㉠, ㉢　　**3** $\frac{1}{5}$, $\frac{2}{5}$, $\frac{2}{5}$

4 예 ; $\frac{1}{5}+\frac{2}{5}=\frac{3}{5}$, $\frac{3}{5}$

5 예 ; $\frac{2}{5}+\frac{2}{5}=\frac{4}{5}$, $\frac{4}{5}$

2 그는 예술뿐만 아니라 여러 학문에 관심이 많았고, 「최후의 만찬」을 그리는 데 3년이 걸렸습니다.

02 진분수의 뺄셈

step 3 개념 연결 문제 (018~019쪽)

1 풀이 참조; 9, 7, 2

2 풀이 참조; $\frac{2}{8}$　　**3** $\frac{3}{7}$; 7, 3, 4

4 (1) $\frac{7}{15}$　(2) $\frac{7}{13}$

5 (　　) (　　) (○)

6 $\frac{16}{19}$, $\frac{5}{19}$

step 4 도전 문제 019쪽

7 1, 2, 3 **8** $\frac{3}{13}$km

1 예

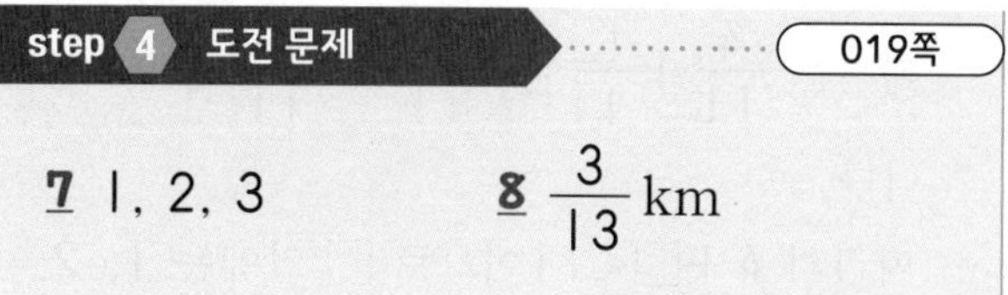

2 예

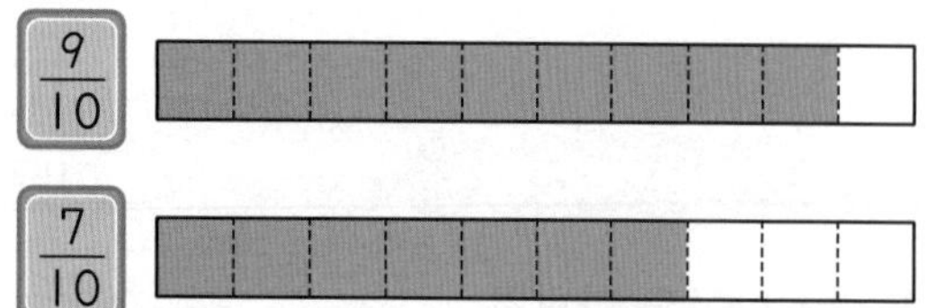

4 (1) $\frac{14}{15}-\frac{7}{15}=\frac{14-7}{15}=\frac{7}{15}$

(2) $1-\frac{6}{13}=\frac{13-6}{13}=\frac{7}{13}$

5 (1) $\frac{13}{17}-\frac{7}{17}=\frac{13-7}{17}=\frac{6}{17}$

(2) $\frac{10}{17}-\frac{4}{17}=\frac{10-4}{17}=\frac{6}{17}$

(3) $\frac{11}{17}-\frac{6}{17}=\frac{11-6}{17}=\frac{5}{17}$

6 첫 번째 빈 곳에 들어갈 수는 어떤 수에서 $\frac{3}{19}$을 빼어 $\frac{13}{19}$이 된 것이므로 어떤 수는 $\frac{3}{19}+\frac{13}{19}$으로 구할 수 있습니다. 따라서 첫 번째에는 $\frac{3}{19}+\frac{13}{19}=\frac{16}{19}$이 들어갑니다.

두 번째 빈 곳에는 $\frac{13}{19}-\frac{8}{19}=\frac{5}{19}$가 들어갑니다.

7 $\frac{9}{10}-\frac{\square}{10}>\frac{5}{10}$에서 □ 안에 들어갈 수 있는 자연수를 구하려면 $\frac{9-\square}{10}>\frac{5}{10}$이고, $9-\square>5$입니다.

□ 안에 들어갈 수 있는 수는 4가 되면 $9-\square=5$가 되므로 1, 2, 3만 가능합니다.

8 집에서 도서관까지의 거리를 구하기 위해서는 집에서 학교까지의 거리에서 학교에서 놀이터, 놀이터에서 도서관까지의 거리를 빼면 됩니다.

$\frac{12}{13}-\frac{4}{13}=\frac{8}{13}$, $\frac{8}{13}-\frac{5}{13}=\frac{3}{13}$이므로 집에서 도서관까지의 거리는 $\frac{3}{13}$km입니다.

step 5 수학 문해력 기르기 021쪽

1 물독에 물 채우기 **2** ③, ④

3 $\frac{3}{5}$, $\frac{2}{5}$ **4** ①

5 $\frac{4}{5}-\frac{2}{5}=\frac{2}{5}$, $\frac{2}{5}$

2 이야기에는 콩쥐의 새엄마와 콩쥐, 두꺼비가 등장합니다.

3 처음에는 독의 높이의 $\frac{3}{5}$만큼 채웠고, 물을 길어 왔더니 독의 높이의 $\frac{2}{5}$만큼 남아 있었습니다.

4 문제 **3**에서 물을 $\frac{3}{5}$만큼 채웠고, 물을 길어 왔더니 독의 높이의 $\frac{2}{5}$만큼 남아 있었으므로 $\frac{3}{5}-\frac{2}{5}$를 계산하면, 줄어든 물의 높이는 독의 높이의 $\frac{1}{5}$입니다.

5 거의 다 했다고 생각했을 때 $\frac{4}{5}$만큼을 채웠고, 물을 길어 왔더니 독의 높이의 $\frac{2}{5}$만큼 남아 있었으므로 $\frac{4}{5}-\frac{2}{5}=\frac{2}{5}$만큼 줄어든 것입니다.

03 대분수의 덧셈

step 3 개념 연결 문제 (024~025쪽)

1 풀이 참조; (앞에서부터) 2, $\frac{2}{4}$, 3, $\frac{3}{4}$, $3\frac{3}{4}$

2 (1) (앞에서부터) 2, 3, $\frac{3}{5}$, $\frac{4}{5}$, 5, $\frac{7}{5}$, 5, $1\frac{2}{5}$, $6\frac{2}{5}$

(2) (앞에서부터) $\frac{13}{5}$, $\frac{19}{5}$, $\frac{32}{5}$, $6\frac{2}{5}$

3 (1) $8\frac{5}{7}$ (2) 10

4 (○) (   ) (   )

5 (1) > (2) =

step 4 도전 문제 (025쪽)

6 $4\frac{5}{9}$시간

7 $3\frac{2}{13}+2\frac{3}{13}=5\frac{5}{13}$, $5\frac{5}{13}$

1

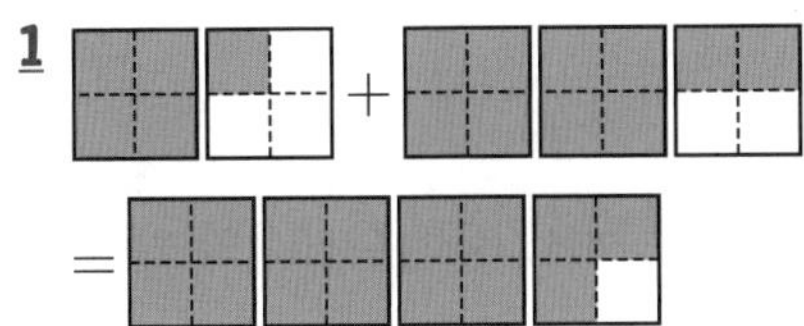

3 (1) $5+3\frac{5}{7}=(5+3)+\frac{5}{7}=8\frac{5}{7}$

(2) $4\frac{3}{8}+5\frac{5}{8}=(4+5)+\left(\frac{3}{8}+\frac{5}{8}\right)$

$=9+\frac{8}{8}=9\frac{8}{8}=10$

4 $3\frac{9}{11}+3\frac{7}{11}=6\frac{16}{11}=7\frac{5}{11}$

$4\frac{5}{9}+3\frac{7}{9}=7\frac{12}{9}=8\frac{3}{9}$

$3\frac{3}{5}+2\frac{3}{5}=5\frac{6}{5}=6\frac{1}{5}$

따라서 결과가 7과 8 사이인 덧셈식은 첫 번째입니다.

5 (1) $2\frac{7}{10}+4=6\frac{7}{10}$이고, $3\frac{1}{10}+3\frac{4}{10}=6\frac{5}{10}$이므로 $6\frac{7}{10}$이 더 큽니다.

(2) $9\frac{5}{8}+3\frac{3}{8}=12\frac{8}{8}=13$이고, $10\frac{1}{8}+2\frac{7}{8}=12\frac{8}{8}=13$이므로 결과가 같습니다.

6 선우가 3일 동안 축구를 한 시간은 $2\frac{2}{9}$, $1\frac{7}{9}$, $\frac{5}{9}$시간이므로 모두 더하면 $2\frac{2}{9}+1\frac{7}{9}=3\frac{9}{9}=4$, $4+\frac{5}{9}=4\frac{5}{9}$입니다.

따라서 선우가 축구를 한 시간은 모두 $4\frac{5}{9}$시간입니다.

7 합이 가장 큰 덧셈식을 구하려면 큰 수를 2개 더해야 합니다. 보기 에서 가장 큰 수는 $3\frac{2}{13}$이고, 두 번째로 큰 수는 $2\frac{3}{13}$이므로 두 수의 합은 $3\frac{2}{13}+2\frac{3}{13}=5\frac{5}{13}$입니다.

step 5 수학 문해력 기르기 (027쪽)

1 종이컵 **2** ⑤

3 종이컵으로 $2\frac{3}{4}$컵

4 ② **5** 4컵

3 '물을 종이컵으로 $2\frac{3}{4}$만큼 받아서 끓인다.'고 되어 있습니다.

4 레시피의 3에서 물을 $\frac{1}{4}$만큼 받아서 라면 수프로 국물을 만들고 5에서 찬물을 종이컵으로 1컵 넣으므로 냉라면의 국물은 종이컵으로 $\frac{1}{4}+1=1\frac{1}{4}$입니다.

5 처음에 면을 끓이기 위해서 $2\frac{3}{4}$이 필요하고, 냉라면 국물을 만들기 위해서 $1\frac{1}{4}$이 필요하므로 냉라면을 만들기 위한 물의 양은 종이컵으로 $2\frac{3}{4}+1\frac{1}{4}=4$(컵)입니다.

04 대분수의 뺄셈

step 3 개념 연결 문제 030~031쪽

1 풀이 참조; (앞에서부터) 3, 2, 3, 2, 1, 1, $1\frac{1}{4}$

2 $2\frac{1}{7}$

3 (1) $1\frac{4}{9}$ (2) $3\frac{5}{7}$

4 (위에서부터) $2\frac{3}{9}$, $3\frac{2}{9}$, $6\frac{5}{9}$

5 $\frac{3}{5}$개

6 $1\frac{4}{14}$

step 4 도전 문제 031쪽

7 ③

8 $5\frac{6}{8}-3\frac{2}{8}=2\frac{4}{8}$, $2\frac{4}{8}$

1

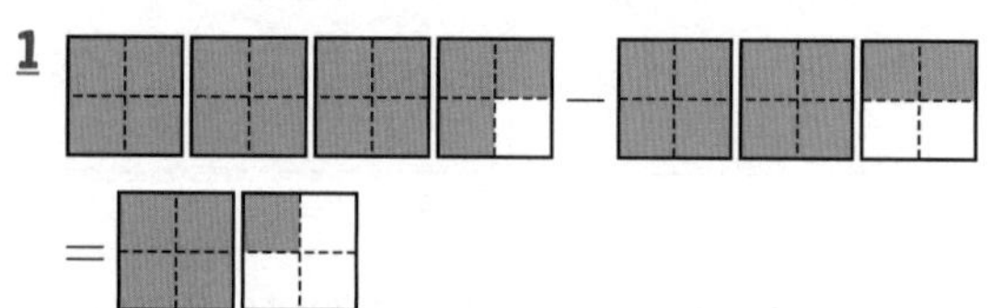

2 $4\frac{3}{7}$에서 $2\frac{2}{7}$를 빼면 $4\frac{3}{7}-2\frac{2}{7}=2\frac{1}{7}$입니다. 따라서 □ 안에 알맞은 분수는 $2\frac{1}{7}$입니다.

3 (1) $3\frac{5}{9}-2\frac{1}{9}=(3-2)+\left(\frac{5}{9}-\frac{1}{9}\right)$

$=1+\frac{4}{9}=1\frac{4}{9}$

(2) $5\frac{6}{7}-2\frac{1}{7}=(5-2)+\left(\frac{6}{7}-\frac{1}{7}\right)$

$=3+\frac{5}{7}=3\frac{5}{7}$

4 $3\frac{5}{9}-1\frac{2}{9}=(3-1)+\left(\frac{5}{9}-\frac{2}{9}\right)$

$=2+\frac{3}{9}=2\frac{3}{9}$

$4\frac{4}{9}-1\frac{2}{9}=(4-1)+\left(\frac{4}{9}-\frac{2}{9}\right)$

$=3+\frac{2}{9}=3\frac{2}{9}$

$7\frac{7}{9}-1\frac{2}{9}=(7-1)+\left(\frac{7}{9}-\frac{2}{9}\right)$

$=6+\frac{5}{9}=6\frac{5}{9}$

5 찰흙 $2\frac{4}{5}$에서 $2\frac{1}{5}$만큼을 사용했으므로 남은 찰흙은 $2\frac{4}{5}-2\frac{1}{5}=\frac{3}{5}$(개)입니다.

6 가장 큰 수는 $2\frac{5}{14}$이고, 가장 작은 수는 $1\frac{1}{14}$이므로 두 수의 차는 $2\frac{5}{14}-1\frac{1}{14}=1\frac{4}{14}$입니다.

7 $7\frac{■}{6}-4\frac{♥}{6}=3\frac{1}{6}$에서 자연수끼리의 계산은 $7-4=3$이고, 분수끼리의 계산은 ■−♥=1입니다. ■+♥이 가장 작을 때는 ■=2, ♥=1일 때입니다.
따라서 ■+♥=3입니다.

8 수 카드 2, 5, 6을 넣어서 $5\frac{□}{8}-3\frac{□}{8}$의 결과가 가장 큰 때는 큰 수에서 작은 수를 뺄 때입니다. 따라서 앞에는 6이 들어가고, 뒤에는 2가 들어가면 됩니다.
이때 계산 결과는 $5\frac{6}{8}-3\frac{2}{8}=2+\frac{4}{8}=2\frac{4}{8}$입니다.

step 5 수학 문해력 기르기 033쪽

1 새엄마가 헨젤과 그레텔을 숲속에 버리고 가 버렸기 때문입니다.

2 ㉡　　3 풀이 참조

4 $1\frac{2}{4}-1\frac{1}{4}=\frac{1}{4}$, $\frac{1}{4}$조각

5 $2\frac{2}{6}-2\frac{1}{6}=\frac{1}{6}$, $\frac{1}{6}$조각

2 ㉠ 헨젤이 놓아 둔 빵 조각이 사라져 집에 갈 수가 없었다.
㉢ 마녀는 헨젤을 살찌게 하여 잡아먹으려 했다.
㉣ 헨젤과 그레텔의 새엄마가 오누이를 숲속에 두고 집으로 가 버렸다.

3
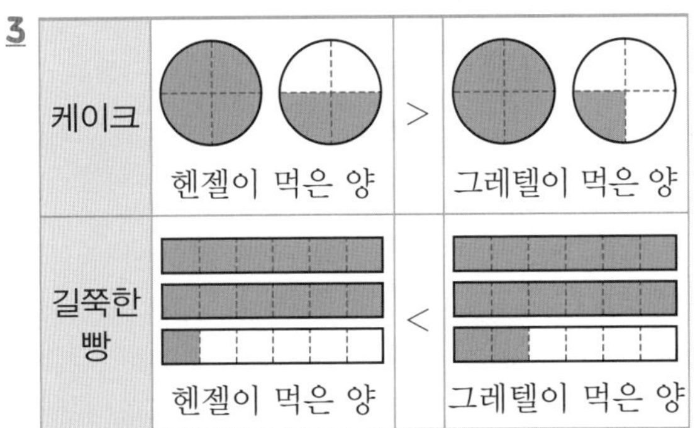

4 $1\frac{2}{4}-1\frac{1}{4}=(1-1)+\left(\frac{2}{4}-\frac{1}{4}\right)=\frac{1}{4}$

5 $2\frac{2}{6}-2\frac{1}{6}=(2-2)+\left(\frac{2}{6}-\frac{1}{6}\right)=\frac{1}{6}$

05 받아내림이 있는 대분수의 뺄셈

step 3 개념 연결 문제 036~037쪽

1 (1) (앞에서부터) 8, 3, 1, 8, 4, 2, 4, 2, 4
(2) $\frac{23}{5}$, $\frac{9}{5}$, $\frac{14}{5}$, $2\frac{4}{5}$

2 (1) $2\frac{11}{15}$ (2) $3\frac{4}{11}$

3 풀이 참조

4 (　)(　)(○)

5 (1) (앞에서부터) 3, 3 (2) $2\frac{5}{6}$

step 4 도전 문제 037쪽

6 $8-5\frac{6}{7}=2\frac{1}{7}$, $2\frac{1}{7}$

7 $20\frac{1}{3}$ cm

2 (1) $4-1\frac{4}{15}=3\frac{15}{15}-1\frac{4}{15}=2\frac{11}{15}$
(2) $14\frac{3}{11}-10\frac{10}{11}=13\frac{14}{11}-10\frac{10}{11}$
$=3\frac{4}{11}$

3 $4-2\frac{10}{11}=(4-2)+\frac{10}{11}=2\frac{10}{11}$에서 잘못된 것은 자연수 4에서 1만큼을 가분수로 바꾸어 $\frac{10}{11}$을 빼야 하는데 그러지 않은 것입니다. 따라서 뺄셈을 위해서는 다음과 같이 계산해야 합니다.

$4-2\frac{10}{11}=3\frac{11}{11}-2\frac{10}{11}$
$=(3-2)+\left(\frac{11}{11}-\frac{10}{11}\right)=1\frac{1}{11}$

4 $13\frac{3}{10}-11\frac{7}{10}=12\frac{13}{10}-11\frac{7}{10}$
$=1\frac{6}{10}$

$5-3\frac{5}{7}=4\frac{7}{7}-3\frac{5}{7}=1\frac{2}{7}$

$2\frac{3}{5}-1\frac{4}{5}=1\frac{8}{5}-1\frac{4}{5}=\frac{4}{5}$이므로 계산 결과가 1과 2 사이가 아닌 것은 $\frac{4}{5}$입니다.

5 (1) $5=1\frac{1}{4}+\square\frac{\square}{4}$에서 $1\frac{1}{4}$과 다른 대분수의 합이 5가 되려면 5에서 $1\frac{1}{4}$을 빼면

됩니다.

$5-1\frac{1}{4}=4\frac{4}{4}-1\frac{1}{4}=3\frac{3}{4}$입니다.

(2) $4=1\frac{1}{6}+\square$에서는

$4-1\frac{1}{6}=3\frac{6}{6}-1\frac{1}{6}=2\frac{5}{6}$입니다.

6 계산 결과가 가장 큰 (자연수)−(대분수)의 식을 만들기 위해서는 가장 큰 수 8에서 가장 작은 자연수 5로 대분수를 만들면 됩니다.

따라서 $8-5\frac{6}{7}=7\frac{7}{7}-5\frac{6}{7}=2\frac{1}{7}$입니다.

7 이어 붙인 테이프의 전체의 길이를 구하기 위해서는 7+7+7에서 겹친 부분인 $\frac{1}{3}$부분을 빼야 합니다. 이때 $\frac{1}{3}$이 2번 있으므로 $\frac{2}{3}$를 뺍니다.

따라서 $21-\frac{2}{3}=20\frac{3}{3}-\frac{2}{3}=20\frac{1}{3}$입니다.

step 5 수학 문해력 기르기 039쪽

1 진로 **2** ④

3 $\frac{1}{3}$통 **4** 풀이 참조

5 노란색: $\frac{1}{4}$통, 빨간색: $\frac{1}{2}$통, 파란색: $1\frac{2}{5}$통, 초록색: $1\frac{1}{3}$통

1 '벽화 그리기 프로젝트'는 진로 교육의 일환으로 마련되었습니다.

2 교장 선생님은 '이번 벽화 그리기 프로젝트를 통해 학생들이 자신의 주변을 스스로 꾸며 본 경험이 좋은 추억으로 남으면 좋겠다.'라고 하셨습니다.

3 담장 3 m를 색칠하는 데 페인트가 1통쯤 쓰일 것으로 예상하였으므로 1 m에 $\frac{1}{3}$통쯤 쓰일 것으로 예상할 수 있습니다.

4

색깔	준비한 페인트(통)	사용한 양(통)
노란색	5	$4\frac{3}{4}$
빨간색	3	$2\frac{1}{2}$
파란색	4	$2\frac{3}{5}$
초록색	5	$3\frac{2}{3}$

5 노란색: $5-4\frac{3}{4}=4\frac{4}{4}-4\frac{3}{4}=\frac{1}{4}$(통)

빨간색: $3-2\frac{1}{2}=2\frac{2}{2}-2\frac{1}{2}=\frac{1}{2}$(통)

파란색: $4-2\frac{3}{5}=3\frac{5}{5}-2\frac{3}{5}=1\frac{2}{5}$(통)

초록색: $5-3\frac{2}{3}=4\frac{3}{3}-3\frac{2}{3}=1\frac{1}{3}$(통)

06 이등변삼각형

step 3 개념 연결 문제 042~043쪽

1 풀이 참조 **2** ③

3 25 cm **4** 24 cm

5 (위에서부터) 40, 6

6 풀이 참조

step 4 도전 문제 043쪽

7 75°

8 (○) (   ) (   )

1

세 변의 길이가 모두 다른 삼각형	두 변의 길이가 같은 삼각형	세 변의 길이가 모두 같은 삼각형
㉠, ㉣	㉡, ㉢, ㉤, ㉥	㉢, ㉤

2 ③은 세 변의 길이가 모두 다릅니다.

3 이등변삼각형에서 두 변의 길이가 같으므로 각 변의 길이는 10 cm, 5 cm, 10 cm입니다. 따라서 세 변의 길이의 합은 25 cm입니다.

4 두 변의 길이가 9 cm, 6 cm이고 세 변의 길이의 합이 더 크려면 나머지 한 변이 9 cm가 되어야 합니다. 따라서 이등변삼각형 세 변의 길이는 9 cm, 6 cm, 9 cm가 되고 세 변의 길이의 합은 $9+6+9=24$(cm)입니다.

5 이등변삼각형은 두 변의 길이가 같으므로 나머지 한 변의 길이는 6 cm가 되고, 나머지 하나의 아랫각이 70°가 됩니다.
따라서 나머지 하나의 각은 180°에서 나머지 두 각을 빼면 되므로 40°가 됩니다.

6 예

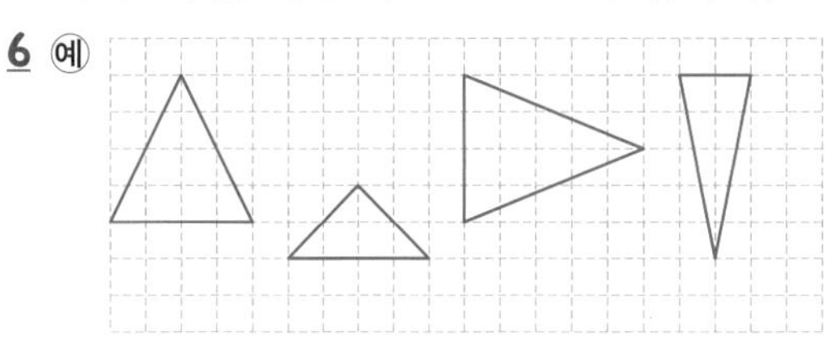

7 주어진 삼각형은 이등변삼각형이기 때문에 아래의 두 각의 크기는 같습니다. 삼각형 세 각의 크기의 합이 180°이고 한 각의 크기가 30°이므로 나머지 두 각의 크기의 합은 150°가 됩니다. 두 각의 크기가 같으므로 $150° \div 2 = 75°$입니다.

8 주어진 두 각 이외에 나머지 한 각의 크기를 구했을 때, 3개의 각 중에서 2개의 각이 같으면 이등변삼각형이 됩니다.
나머지 한 각의 크기를 구해 보면 70°, 50°, 60°/ 80°, 50°, 50°/ 55°, 70°, 55°이므로 이등변삼각형이 아닌 것은 세 각의 크기가 70°, 50°, 60°인 것입니다.

step 5 수학 문해력 기르기 045쪽

1 직사각형　　**2** 이등변삼각형

3 ④, ⑤

4 예 양변의 길이가 같아야 어느 한쪽으로 치우치지 않고 안정감 있게 비행기가 날 수 있을 것 같습니다.

5 예 작은 삼각형 부분을 위로 접어요.

2 빨간색으로 표시된 삼각형은 양쪽을 똑같이 접었기 때문에 두 변의 길이가 같은 이등변삼각형입니다.

3 이등변삼각형은 두 변의 길이와 두 각의 크기가 같습니다.

07 정삼각형

step 3 개념 연결 문제 048~049쪽

1 (1) 60　(2) 모두 같습니다.
(3) 모두 같습니다.

2 24 cm

3 (그림)　　**4** 21 cm

5 28 cm　　**6** 120°

step 4 도전 문제 049쪽

7 5개　　**8** 8 cm

2 정삼각형은 세 변의 길이가 같으므로 세 변의 길이는 모두 8 cm이고 세 변의 길이의 합은 24 cm입니다.

3 원의 반지름이 정삼각형의 한 변이 되고, 한 각의 크기가 60°가 되도록 정삼각형을 그립니다.

4 철사 63 cm를 모두 사용하여 정삼각형을 만들었을 때 한 변의 길이는
$63 \div 3 = 21$(cm)입니다.

5

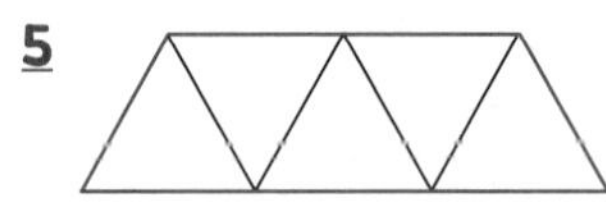

사각형 네 변의 길이의 합은 정삼각형 한 변의 길이인 4 cm가 7개 모여서 이루어진 것입니다. 따라서 $4 \times 7 = 28$(cm)입니다.

6 각ㄴㄷㄹ은 정삼각형의 2개의 각이 모여서 이루어진 것입니다.
따라서 $60^\circ \times 2 = 120(^\circ)$입니다.

7 작은 삼각형 1개짜리가 4개, 작은 삼각형 4개짜리가 1개입니다.
따라서 총 5개입니다.

8 가을이가 만든 이등변삼각형의 세 변의 길이는 7 cm, 7 cm, 10 cm이므로 세 변의 길이의 합은 24 cm입니다. 이 끈을 모두 사용하여 정삼각형을 만들었으므로 정삼각형의 한 변의 길이는 $24 \div 3 = 8$(cm)입니다.

step 5 수학 문해력 기르기 051쪽

1 풀이 참조　**2** 원의 반지름
3 ③　**4** 풀이 참조
5 ③

1 예

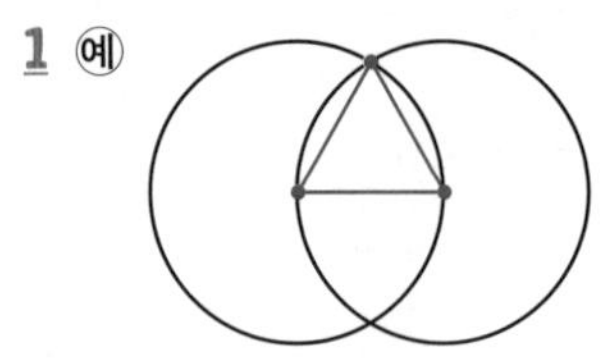

3 ③ 정삼각형은 세 각의 크기가 모두 같습니다.

4 예

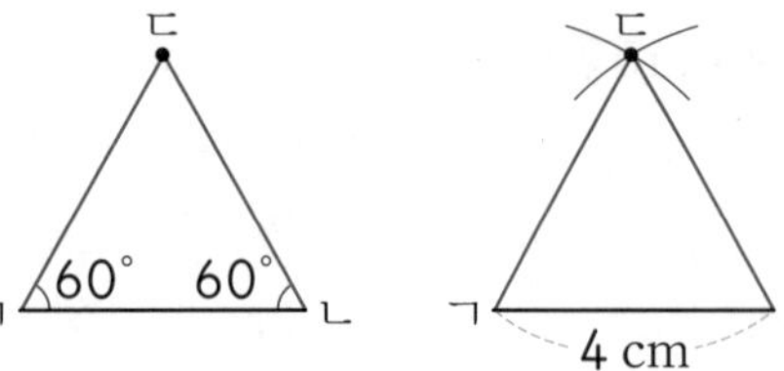

자와 각도기를 이용해서 그리는 방법, 자와 컴퍼스를 이용해서 그리는 방법이 있습니다.

08 각으로 삼각형 분류하기

step 3 개념 연결 문제 054~055쪽

1 (앞에서부터) 직, 예, 둔
2 (1) ㉡, ㉤　(2) ㉠, ㉣　(3) ㉢, ㉥
3 풀이 참조
4 예 이 삼각형은 둔각이 있으므로 둔각삼각형입니다.
5 직각삼각형　**6** 2개, 3개

step 4 도전 문제 055쪽

7 풀이 참조　**8** 6개

2 삼각형 세 각의 크기의 합이 180°이므로 각각 나머지 한 각의 크기를 구하면 다음과 같습니다.

㉠ 30°, 60°, 90°　㉡ 50°, 80°, 50°
㉢ 30°, 40°, 110°　㉣ 45°, 45°, 90°
㉤ 60°, 60°, 60°　㉥ 40°, 40°, 100°

3 예

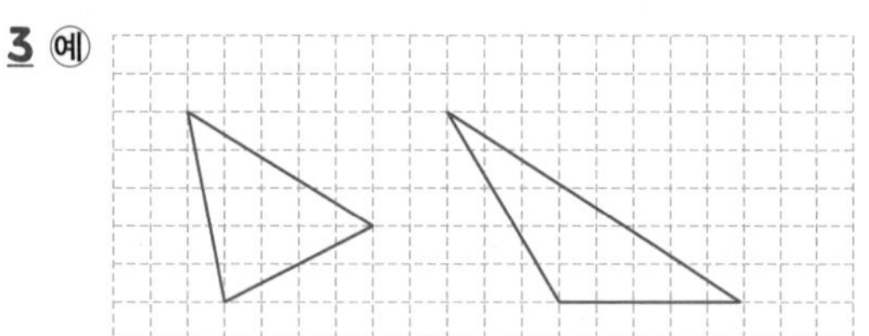

4 예각삼각형은 세 각이 모두 예각이어야 합니다.

5 오른쪽으로 한 칸 옮기면 다음과 같이 직각삼각형이 됩니다.

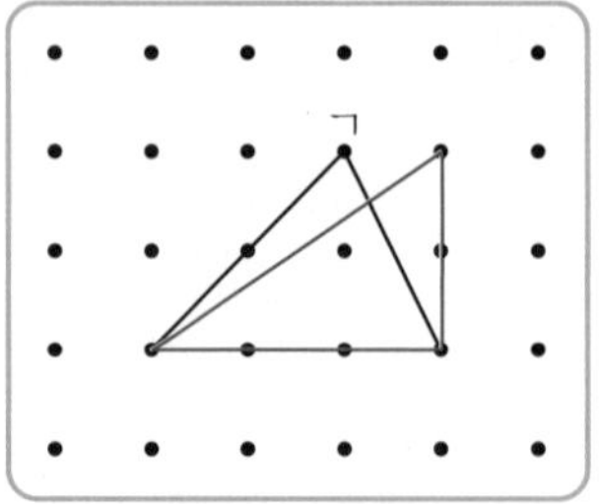

6

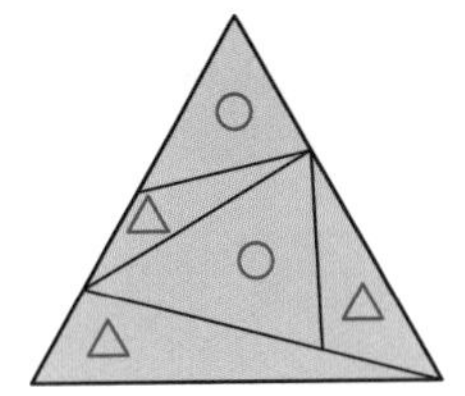

○로 표시된 것은 예각삼각형이고, △로 표시된 것은 둔각삼각형입니다.
따라서 예각삼각형은 2개이고, 둔각삼각형은 3개입니다.

7

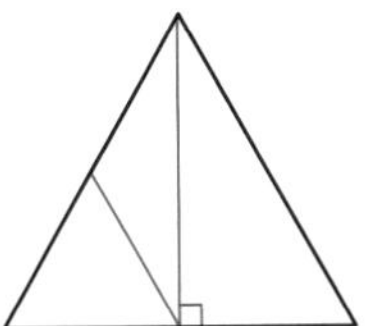

8

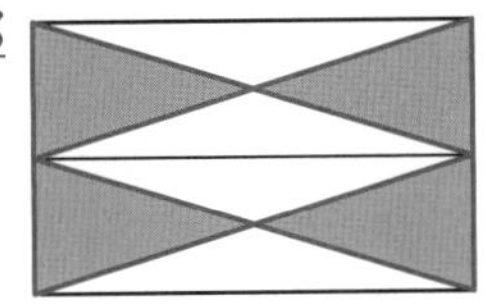
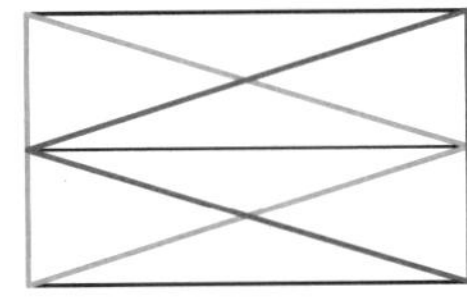

빨간색으로 칠해진 1칸짜리 예각삼각형은 4개이고, 빨간색 선과 파란색 선으로 되어 있는 4칸짜리 예각삼각형은 2개이므로 예각삼각형은 모두 6개입니다.

step 5 수학 문해력 기르기 057쪽

1 ⑤ **2** ③
3 예각삼각형 **4** 둔각삼각형
5 풀이 참조

1 ⑤ 사냥과 채집보다는 농사를 중요하게 생각했습니다.

2 ③ 글을 통해 당시 농사를 지을 때 청동기를 활용했음을 알 수는 없습니다.
청동기 시대에는 청동기가 귀했기 때문에 청동기는 제사를 지내거나 지배자의 장식용으로 주로 사용되었습니다.

5 예 석촉은 예각삼각형으로 삼각형의 세 각의 크기가 모두 예각입니다.
삼각형 돌칼은 둔각삼각형으로 삼각형의 세 각 중 하나의 각이 둔각이고, 나머지 두 각은 예각입니다.

09 소수 두 자리 수와 소수 세 자리 수

step 3 개념 연결 문제 060~061쪽

1 (1) $\frac{55}{100}$, 0.55 (2) $\frac{62}{100}$, 0.62
2 (위에서부터) 1, 2, 5, 6
3 (1) 0.25에 ○표 (2) 1.047에 ○표
4 (1) 0.1 (2) 0.002 (3) 0.03
5 2.896=2+0.8+0.09+0.006
6 (1) 0.022 (2) 2.247

step 4 도전 문제 061쪽

7 ②, ④
8 (위에서부터) 100, 90, 5, 0.1, 0.09, 0.005, 42.195

1 (1) 전체 100칸 중 55칸에 색칠되어 있습니다.
(2) 전체 100칸 중 62칸에 색칠되어 있습니다.

6 0.02와 0.03 혹은 2.24와 2.25 사이는 10등분이 되어 있으므로 눈금 하나의 크기는 0.001입니다.

7 밑줄 친 7이 나타내는 소수를 써 보면 다음과 같습니다.
① 0.<u>7</u>85 ➡ 0.7
② 0.13<u>7</u> ➡ 0.007
③ 3.<u>7</u>2 ➡ 0.7
④ 5.03<u>7</u> ➡ 0.007
⑤ 30.5<u>7</u> ➡ 0.07

8 42 km 195 m

$=42\text{ km}+100\text{ m}+90\text{ m}+5\text{ m}$

$=42\text{ km}+0.1\text{ km}$

$+0.09\text{ km}+0.005\text{ km}$

$=42.195\text{ km}$

step 5 수학 문해력 기르기 063쪽

1 ④ **2** ㉠, ㉢, ㉣

3 42.195 km, 21.0975 km

4 소수 셋째 자리 수, 0.005

5 $\frac{42195}{1000}$ 또는 $42\frac{195}{1000}$, $\frac{210975}{10000}$ 또는 $21\frac{975}{10000}$

1 ④ 참가 인원은 정해져 있지 않고 알 수 없습니다.

2 ㉡ 5 km의 참가비가 다릅니다.

4 42.195 ➡ 0.005(소수 셋째 자리 수)

10 소수의 크기 비교와 소수 사이의 관계

step 3 개념 연결 문제 066~067쪽

1 풀이 참조, > **2** 첫째, 5, 0.60

3 풀이 참조

4 (1) 3.02~~0~~ (2) 7.01~~0~~ (3) 6.7~~0~~

5 (1) < (2) < (3) > (4) >

6 (풀이 그림)

step 4 도전 문제 067쪽

7 (앞에서부터) 4.33, 4.325, 4.321, 4.29

8 6.425

1

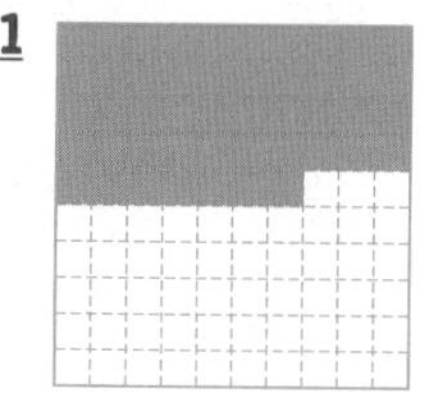

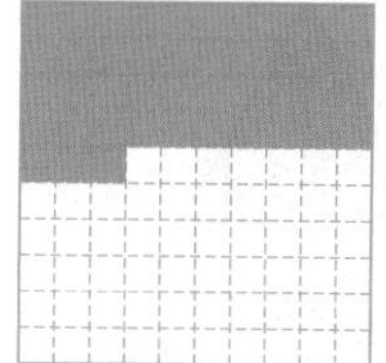

3

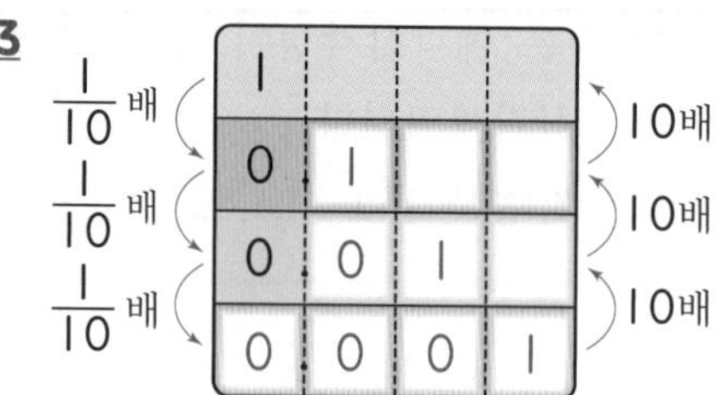

5 (1) 5.27의 소수 둘째 자리 수는 7, 5.29의 소수 둘째 자리 수는 9이므로 5.29가 더 큽니다.

(2) 0.987의 소수 셋째 자리 수는 7, 0.988의 소수 셋째 자리 수는 8이므로 0.988이 더 큽니다.

(3) 12.319의 소수 둘째 자리 수는 1, 12.304의 소수 둘째 자리 수는 0이므로 12.319가 더 큽니다.

(4) 10.001의 자연수 부분은 10, 1.989의 자연수 부분은 1이므로 10.001이 더 큽니다.

7 자연수 부분은 4로 모두 같습니다. 소수 첫째 자리가 2인 4.29가 가장 작고, 소수 첫째 자리가 3인 4.325, 4.33, 4.321 중 소수 둘째 자리가 3인 4.33이 가장 큽니다. 4.325와 4.321 중 소수 셋째 자리가 5인 4.325가 더 크므로 두 번째로 큰 수가 됩니다.

8 첫 번째 조건을 통해 6.□□□임을 알 수 있습니다.

두 번째 조건을 통해 6.4□□임을 알 수 있습니다.

세 번째 조건을 통해 6과 소수 둘째 자리의 수의 합이 8이므로 6.42□임을 알 수 있습니다.

네 번째 조건을 통해 소수 셋째 자리의 숫자

는 둘째 자리의 숫자보다 3이 크므로 6.425임을 알 수 있습니다.

step 5 수학 문해력 기르기 069쪽

1 ③ 2 체력
3 민수 4 나, 지우, 민수
5 지우, 나, 민수

1 ③ 이 글에서 나온 종목은 50 m 달리기입니다.
3 앉아서 윗몸 굽히기는 더 멀리 밀수록 잘한 것이므로 나 7.8 cm, 민수 8.3 cm, 지우 7.3 cm를 비교하면 민수가 유연성이 가장 좋습니다.
4 50 m 달리기에서 나 8.82초, 민수 9.72초, 지우 8.89초를 비교하면 내가 가장 빨리 뛰었고 그다음으로 지우, 민수의 순서입니다.
5 제자리멀리뛰기에서 나 147.7 cm, 민수 147.1 cm, 지우 147.9 cm를 비교하면 지우가 가장 멀리 뛰었고, 그다음으로 나, 민수의 순서입니다.

11 소수의 덧셈

step 3 개념 연결 문제 072~073쪽

1 4.1 2 0.56, 0.96
3 (1) 7.35 (2) 2.27
(3) 0.68 (4) 5.73
4 1.8, 5.34
5 ③
6 (1) (위에서부터) 4, 1
(2) (위에서부터) 8, 4, 7

step 4 도전 문제 073쪽

7 1.7+0.65=2.35, 2.35
8 (앞에서부터) 9, 8, 5, 0, 3, 10.15

1 수직선 눈금 1칸은 0.1이고, 오른쪽으로 1.9만큼 가고 2.2만큼 가면 4.1입니다.
4 0.1+1.7=1.8이고, 1.8+3.54=5.34입니다.
5 가장 작은 수는 0.15이고, 가장 큰 수는 5.39이므로 두 수의 합은 0.15+5.39=5.54입니다.
6 (1) 소수 둘째 자리: □+1=5, □=4
일의 자리: 1+0+0=□, □=1
(2) 소수 둘째 자리: 3+4=7
소수 첫째 자리: 2+□=10, □=8
일의 자리: 1+3+0=□, □=4
7 0.1이 17개인 수는 1.7이고, 0.01이 65개인 수는 0.65이므로 1.7+0.65=2.35입니다.
8 카드를 한 번씩만 사용하여 만들 수 있는 가장 큰 소수 두 자리 수 □.□□는 9.85이고, 가장 작은 소수 한 자리 수 □.□는 0.3입니다. 따라서 두 수의 합은 9.85+0.3=10.15입니다.

step 5 수학 문해력 기르기 075쪽

1 ② 2 풀이 참조
3 78.50+150.06=228.56, 228.56점
4 74.92+144.19=219.11, 219.11점
5 2010년 밴쿠버 올림픽

1 ① 2010년에 금메달을 2014년에는 은메달을 받았습니다.
③ 12세에 트리플 점프 5종을 모두 완성했습니다.

④ 14세에 국가대표로 선발되었습니다.

⑤ 국제 대회에서 여자 싱글 선수 최초로 200점을 돌파했습니다.

2 쇼트 프로그램과 프리 스케이팅의 점수를 합산하여 총점을 구합니다.

3 쇼트 프로그램 78.50점, 프리 스케이팅 150.06점이므로
78.50+150.06=228.56(점)입니다.

4 쇼트 프로그램 74.92점, 프리 스케이팅에서 144.19점이므로
74.92+144.19=219.11(점)입니다.

5 2010년 밴쿠버 동계 올림픽에서 228.56점을 받고, 2014년 소치 동계 올림픽에서 219.11점을 받았으므로 2010년 밴쿠버 올림픽에서 더 높은 점수를 받았습니다.

12 소수의 뺄셈

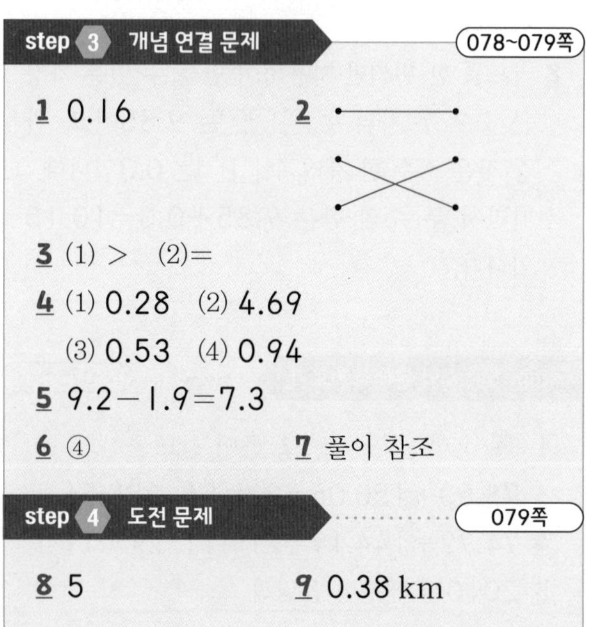
step 3 개념 연결 문제 078~079쪽

1 0.16 **2** (선 잇기)

3 (1) > (2) =

4 (1) 0.28 (2) 4.69
(3) 0.53 (4) 0.94

5 9.2−1.9=7.3

6 ④ **7** 풀이 참조

step 4 도전 문제 079쪽

8 5 **9** 0.38 km

1 수직선 눈금 1칸은 0.01이고, 오른쪽으로 0.37만큼 가고 왼쪽으로 0.21만큼 가면 0.16입니다.

2 3.3−1.5=1.8, 6.6−1.9=4.7,
6.4−3.7=2.7
4.9−3.1=1.8, 5.4−2.7=2.7,
7.2−2.5=4.7

3 (1) 6.2−2.4=3.8, 8.7−5.8=2.9이므로 3.8이 더 큽니다.
(2) 19.6−15.9=3.7, 5.8−2.1=3.7이므로 두 수는 같습니다.

5 두 수의 차가 크도록 식을 만들려면 가장 큰 수에서 가장 작은 수를 빼면 됩니다.
따라서 9.2−1.9=7.3입니다.

6

$$\begin{array}{r} 7.\boxed{6}\,3 \\ -\ 3.3\,5 \\ \hline \boxed{4}.2\,8 \end{array}$$

소수 첫째 자리에서 □−3이 2가 되려면 □에 5가 들어가지만 소수 둘째 자리에 받아내림했으므로 □에는 6이 들어갑니다. 일의 자리에서 7−3=□, □=4입니다.
따라서 □ 안에 들어가는 두 수의 합은 6+4=10입니다.

7

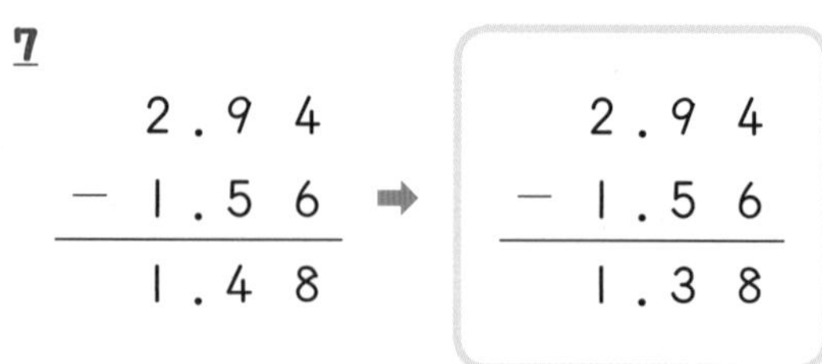

이 식에서 잘못된 것은 소수 첫째 자리에서 소수 둘째 자리로 받아내림했으므로 9−5=4가 아니라 8−5=3입니다.

8 6.1−2.65<3.□5에서
6.1−2.65=3.45이고 3.45<3.□5이므로 □ 안에는 4보다 큰 수가 들어가야 합니다.
따라서 □ 안에 들어갈 수 있는 수 5, 6, 7, 8, 9 중 가장 작은 수는 5입니다.

9 1120 m는 1.120 km이므로
1.5−1.12=0.38(km)입니다.

step 5 수학 문해력 기르기 081쪽

1 키가 작아서 창피해하고 속상해했습니다.
2 ③
3 138.9−122.6=16.3, 16.3 cm
4 122.6−120.5=2.1, 2.1 cm
5 17.4 cm

2 사람이나 사물을 겉만 보고 판단할 수 없고, 사람의 겉모습만 보고 무시해서는 안 된다는 의미입니다.
3 주원이의 키는 138.9 cm이고, 선우는 122.6 cm입니다. 주원이가 더 크므로 두 사람의 키 차이는
138.9−122.6=16.3(cm)입니다.
4 선우의 키는 122.6 cm이고, 선우 동생의 키는 120.5 cm입니다. 선우가 더 크므로 두 사람의 키 차이는
122.6−120.5=2.1(cm)입니다.
5 140−122.6=17.4(cm)이므로 앞으로 17.4 cm 더 자라야 140 cm가 됩니다.

13 수직

step 3 개념 연결 문제 084~085쪽

1
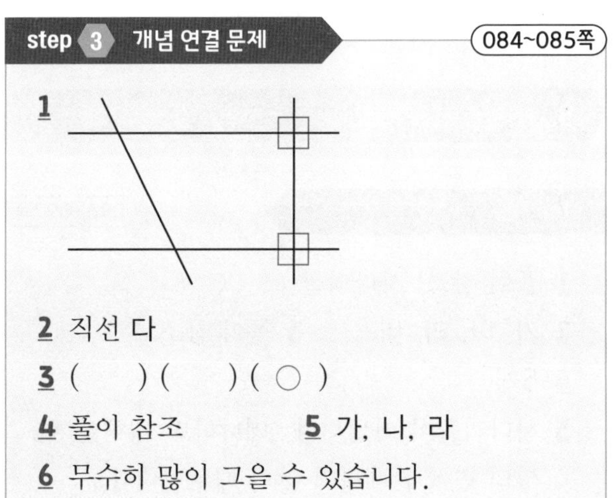

2 직선 다
3 (   ) (   ) (○)
4 풀이 참조
5 가, 나, 라
6 무수히 많이 그을 수 있습니다.

step 4 도전 문제 085쪽

7 20°
8 변 ㄴㄷ, 변 ㄹㅁ

4 예
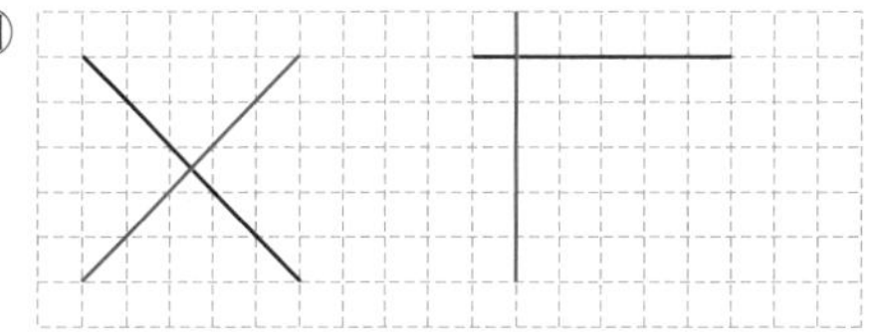

5
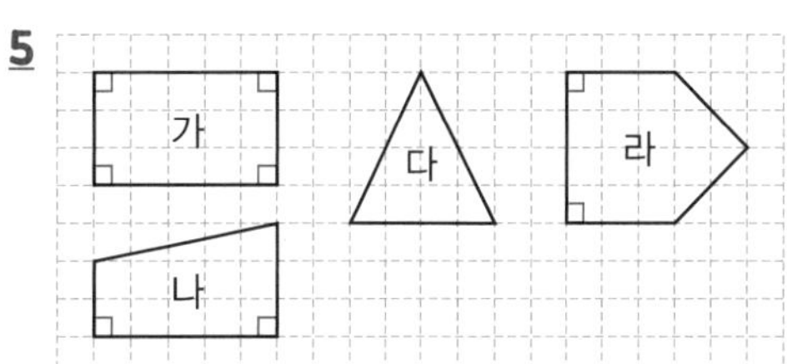

도형 가, 도형 나, 도형 다에 위와 같이 수직인 변이 있습니다.
7 두 직선이 서로 수선이면 90°를 이루므로
㉠=90°−70°=20°입니다.

step 5 수학 문해력 기르기 087쪽

1 수평 혹은 수직을 확인하기 위해 사용하는 도구입니다.
2 ①
3 수직
4 바닥과 기둥
5 풀이 참조

2 신전을 예로 들어 설명했습니다.
4 '신전을 안전하게 지으려면 아래 바닥과 기둥이 수직을 이루도록 맞춰야 해.'라고 말했습니다.
5 예

14 평행과 평행선 사이의 거리

step 3 개념 연결 문제 (090~091쪽)

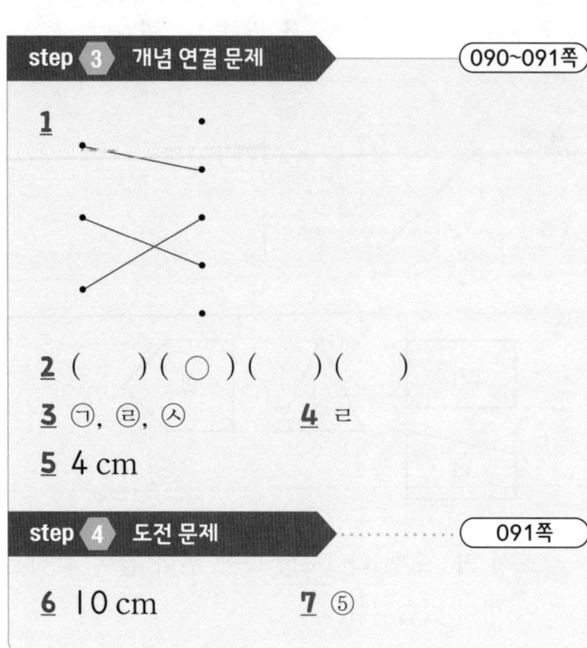

1

2 (　) (○) (　) (　)

3 ㉠, ㉣, ㉦　　4 ㄹ

5 4 cm

step 4 도전 문제 (091쪽)

6 10 cm　　7 ⑤

3 평행선 사이의 거리는 두 평행선과 수직을 이루어야 합니다.

5 변 ㄱㄷ과 변 ㄴㄹ이 서로 평행합니다. 두 선분의 평행선 사이의 거리는 변ㄱㄴ의 길이인 4 cm입니다.

6

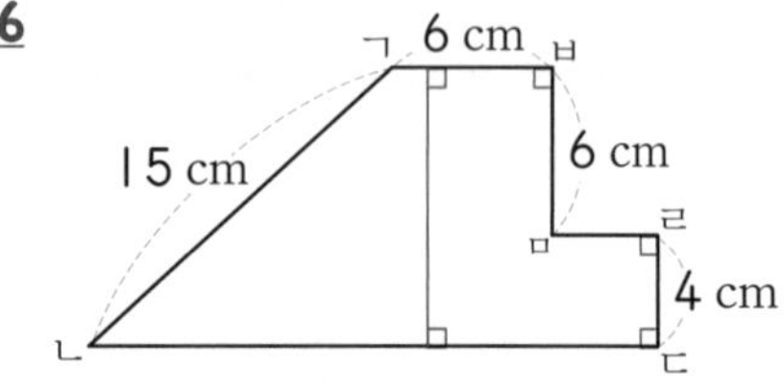

두 평행선 사이의 거리는 빨간색으로 표시된 부분이고, 그 거리는 6+4=10(cm)입니다.

7

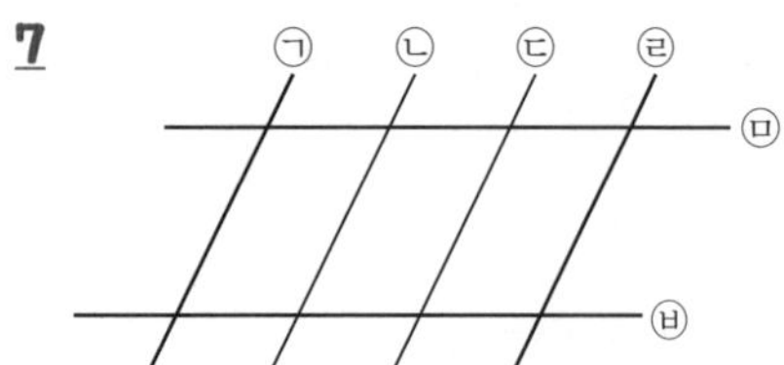

위 그림에서 서로 평행인 관계끼리 짝을 지으면 다음과 같습니다.

㉠과 ㉡, ㉠과 ㉢, ㉠과 ㉣, ㉡과 ㉢,
㉡과 ㉣, ㉢과 ㉣, ㉤과 ㉥

따라서 평행한 쌍은 모두 7쌍입니다.

step 5 수학 문해력 기르기 (093쪽)

1 북핵　　2 ③

3 풀이 참조　　4 풀이 참조

5 풀이 참조; 2 cm

1 한국과 북한, 미국은 북핵 문제 해결을 위한 자리를 마련했고 이와 관련된 문제에 대해서 이야기하고 있습니다.

3

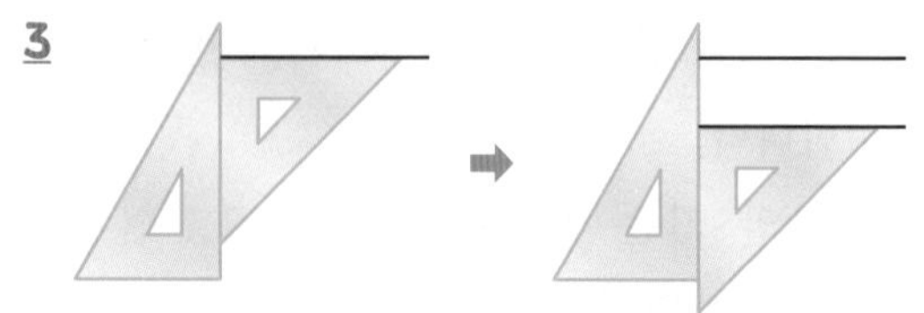

4 예

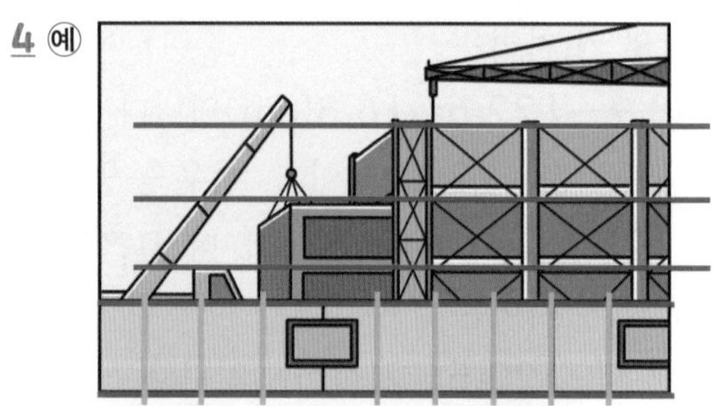

5 예

15 사다리꼴

step 3 개념 연결 문제 (096~097쪽)

1 풀이 참조; 사다리꼴

2 가, 나, 라, 바　　3 풀이 참조

4 5개

5 사다리꼴이 아닙니다. 왜냐하면 평행한 한 쌍의 변이 존재하지 않기 때문입니다.

step 4 도전 문제 097쪽

6 24 cm　　7 3개

1 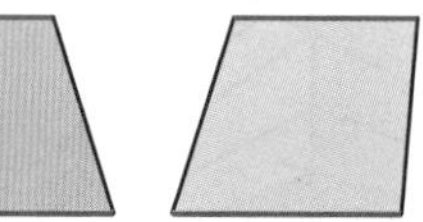 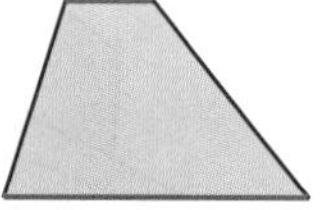

2 사각형에서 한 쌍이라도 평행한 변이 있다면 사다리꼴입니다.
마는 사각형이 아니므로 사다리꼴이라고 할 수 없습니다.

3 예 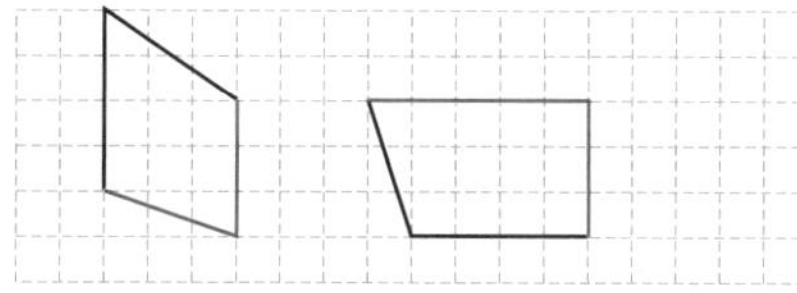

4 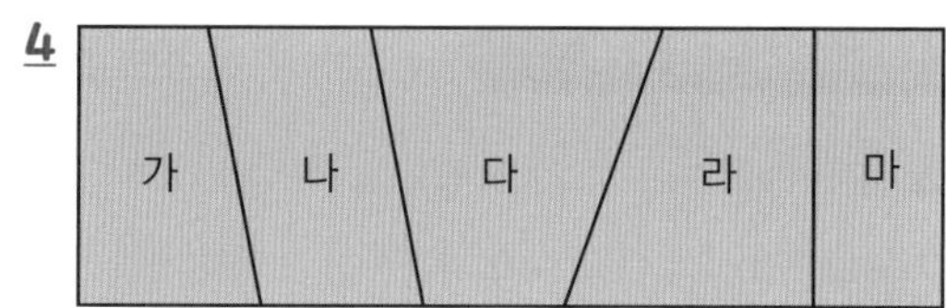

직사각형 모양의 종이를 잘랐을 때 가에서 마까지 모든 도형이 사각형이고, 직사각형을 자른 것이기 때문에 평행한 변이 반드시 한 쌍은 존재하게 됩니다. 따라서 가, 나, 다, 라, 마까지 모두 사다리꼴입니다.

6 네 변의 길이는 각각 4 cm, 6 cm, 9 cm, 5 cm이므로 사다리꼴의 네 변의 길이의 합은 $4+6+9+5=24$(cm)입니다.

7 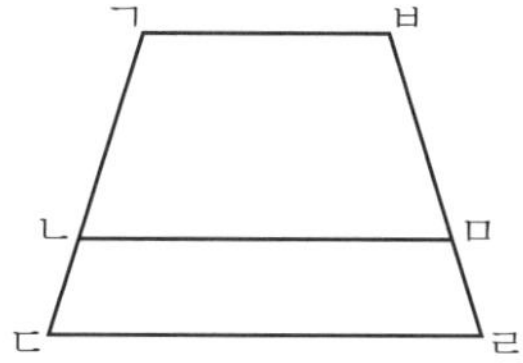

도형에서 찾을 수 있는 사다리꼴은 ㄱㄴㅁㅂ, ㄴㄷㄹㅁ, ㄱㄷㄹㅂ으로 3개입니다.

step 5 수학 문해력 기르기 099쪽

1 좁은 길에서 지게에 짐을 지어 옮겼습니다.
2 ③　　3 사다리꼴
4 ③
5 프리즘, 창틀, 책상, 종이 가방, 액자에 ○표

1 넓은 길에서는 수레를 사용하고, 좁은 길에서는 지게를 이용하여 짐을 옮겼다고 했습니다.

2 지게를 세울 때는 버팀목으로, 이동 중에는 지팡이로, 산길에서는 풀숲을 헤쳐 나가는 길잡이로 사용되었습니다.

3 한 쌍의 변이 평행한 사각형이므로 사다리꼴입니다.

4 사다리꼴은 한 쌍의 마주 보는 변이 평행한 사각형입니다.

16 평행사변형

step 3 개념 연결 문제 102~103쪽

1 2 또는 두, 평행　　2 ②, ③, ⑤
3 가, 나, 마, 바
4 (위에서부터) 10, 9
5 60°, 120°　　6 46 cm

step 4 도전 문제 103쪽

7 60°　　8 6 cm

2 평행사변형은 마주 보는 두 쌍의 변이 평행하지만 네 변의 길이가 모두 같지는 않습니다.

3 다와 라는 한 쌍의 변만 평행합니다.

4 평행사변형은 마주 보는 변의 길이가 같습니다.

5 평행사변형은 마주 보는 두 각의 크기가 같습니다.

6 평행사변형은 마주 보는 변의 길이가 같기

때문에 변 ㄱㄴ은 8 cm이고, 변 ㄱㄹ은 15 cm입니다. 따라서 네 변의 길이의 합은 8+8+15+15=46(cm)입니다.

7 각 ㄴㄱㄹ의 크기는 각 ㄱㄴㄷ의 2배이고, 평행사변형에서 이웃한 두 각의 합은 180° 입니다.
따라서 각 ㄱㄴㄷ의 3배는 180°이므로 (각 ㄱㄴㄷ)=60°입니다.

8 평행사변형에서 마주 보는 두 변의 길이가 같으므로 변 ㄱㄹ은 5 cm입니다.
네 변의 길이의 합이 22 cm이므로
변 ㄱㄴ과 변 ㄹㄷ의 합은 12 cm입니다.
변 ㄱㄴ과 변 ㄹㄷ의 길이는 같으므로
변 ㄱㄴ의 길이는 12÷2=6(cm)입니다.

step 5 수학 문해력 기르기 105쪽

1 ④
2 고정 관념, 고정 관념
3 평행사변형 **4** 풀이 참조
5 풀이 참조

1 도크랜드는 2005년에 지어진 건물입니다.

2 이 글에서 "'건물은 직사각형이어야 하고, 직사각형의 창문이 있어야 한다.'는 고정 관념을 깨 주는 것으로서 우리에게 더욱 특이하고 아름답게 느껴진다."고 했습니다.

4 예

5 예

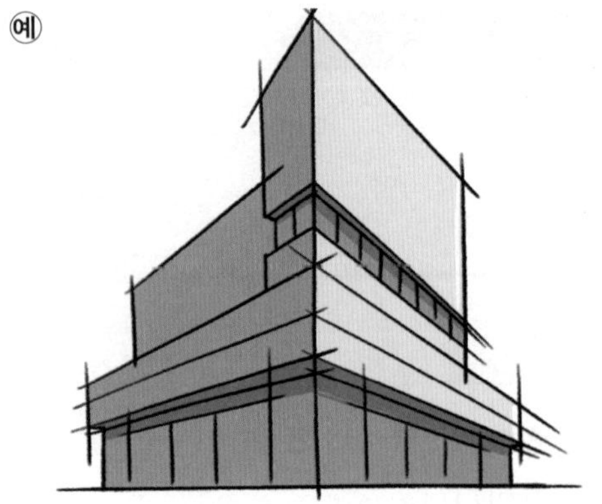

마주 보는 두 쌍의 변이 평행한 평행사변형을 이용하여 나만의 건물을 그려 보세요.

17 마름모

step 3 개념 연결 문제 108~109쪽

1 4 또는 네 **2** ①
3 가, 나, 마 **4** 11
5 ③
6 102°

step 4 도전 문제 109쪽

7 (위에서부터) 90, 9
8 70°

2 ① 마름모는 두 쌍의 변이 평행합니다.
⑤ 마름모는 네 변의 길이가 모두 같으므로 마주 보는 두 변의 길이도 당연히 같습니다.

4 마름모는 네 변의 길이가 모두 같습니다.

5 주어진 도형은 두 쌍의 변이 서로 평행하고 네 변의 길이가 같은 사각형입니다.

6 마름모의 이웃한 두 각의 크기의 합이 180°이므로 ㉠+78°=180°이고, ㉠=102°입니다.

7 마름모의 마주 보는 꼭짓점끼리 이은 선분이 만나는 점을 중심으로 나누어진 두 선분은 길이가 각각 같고, 서로 수직으로 만납니다.

따라서 빈칸에는 90과 9가 들어갑니다.

8 마름모는 이웃한 두 각의 크기의 합이 180°이므로 70°+각 ㄴㄷㄹ=180°입니다.
따라서 각 ㄴㄷㄹ=110°이고 직선은 평각이므로 ㉠은 70°입니다.

step 5 수학 문해력 기르기 111쪽

1 ④ **2** ②
3 마름모 **4** ㉠, ㉢

1 도로 위의 사각형은 앞에 곧 횡단보도가 있으니 서행하라는 의미입니다.

2 글에서는 이와 같은 의미를 가진 표시가 차선이 지그재그로 그어져 있는 경우나 '천천히'라 쓰인 표지판이라고 했습니다.

3 네 변의 길이가 같은 사각형이므로 마름모입니다.

4 마름모는 마주 보는 두 쌍이 평행하고 네 변의 길이가 모두 같습니다. 하지만 네 각의 크기가 같은 것은 아닙니다. 네 각의 크기가 같은 사각형은 직사각형이나 정사각형입니다.

18 꺾은선그래프

step 3 개념 연결 문제 114~115쪽

1 꺾은선그래프
2 (1) ○ (2) △ (3) ○ (4) △ (5) △
3 (1) 2°C (2) 오전 11시~12시
(3) 오후 2시~3시
4 (1) 4월과 5월 사이 (2) 3월과 4월 사이
(3) 풀이 참조

step 4 도전 문제 115쪽

5 2325개

2 '변화'를 알아볼 때 꺾은선그래프가 좋습니다.

3 (2) 오전 11시에서 12시 사이가 가장 온도 변화가 심하기 때문에 그래프가 가파른 것입니다.

4 (1) 4월과 5월 사이에는 그래프의 경사가 가장 완만하므로 키의 변화가 가장 작다는 것을 알 수 있습니다.
(2) 3월과 4월 사이에 그래프의 경사가 가장 가파르기 때문에 키의 변화가 가장 크다는 것을 알 수 있습니다.
(3) 그래프에서 필요 없는 부분을 물결선으로 생략하기 때문에 변하는 모습을 더 자세히 나타낼 수 있습니다.

5 꺾은선그래프의 눈금 1칸의 크기는 2200과 2300 사이가 4칸이므로 $100 \div 4 = 25$(개)입니다.
가구의 판매량이 1월 2225개, 2월 2275개, 4월 2375개, 5월 2425개로 연속한 달의 판매량이 50개씩 일정하게 증가하고 있습니다. 따라서 3월의 가구 판매량은 2325개로 짐작할 수 있습니다.

step 5 수학 문해력 기르기 117쪽

1 뉴스 **2** 앵커, 기자
3 꺾은선
4 그래프가 계속해서 상승하고 있는 것을 통해 앞으로의 확진자 수도 계속 증가할 것이라 예상할 수 있습니다.
5 ②

1 이 글은 뉴스 방송을 위해 기자와 앵커가 나

누는 대화를 나타낸 것입니다.

5 ① 7월 25일~8월 1일은 조금 줄어들었습니다.

③ 확진자 수가 가장 많이 늘어난 주는 7월 4일~7월 11일입니다.

④ 확진자 수는 늘었다 줄었다를 계속 반복하지 않고 증가하는 추세이다.

⑤ 확진자 수는 증가하는 추세이다.

19 꺾은선그래프 그리고 해석하기

step 3 개념 연결 문제 (120~121쪽)

1 (1) 풀이 참조 (2) 1시간 (3) 시각, 온도 (4) 12시 (5) 10시와 11시 사이

2 10칸

3 (1) 1 °C (2) 5시 (3) 9시와 11시 사이

step 4 도전 문제 (121쪽)

4 풀이 참조

1 (1)

복도의 온도

(°C) 10, 9, 8, 7, 6, 5, 4, 3, 2, 1, 0
온도 / 시각: 오전 9, 10, 11, 12 낮, 오후 1, 2 (시)

(5) 10시와 11시 사이의 그래프의 기울기가 가장 가파르기 때문에 이때가 온도가 가장 많이 변한 때입니다.

2 현재의 꺾은선그래프는 한 칸이 1 cm를 나타내므로 한 칸이 0.1 cm가 된다면 세로 눈금 1 cm 차이는 10칸 차이가 됩니다. 4일과 5일 사이에 한 칸 차이가 나므로 이 차이는 10칸 차이가 될 것입니다.

3 (2) 5시가 5°C 차이로 온도 차이가 가장 크게 납니다.

(3) 9시와 11시 사이에 꺾은선그래프가 엇갈리면서 건물 밖의 온도가 건물 안의 온도보다 더 높아집니다.

4

줄넘기를 한 개수

횟수(회)	1	2	3	4	5
개수(개)	32	26	22	30	40

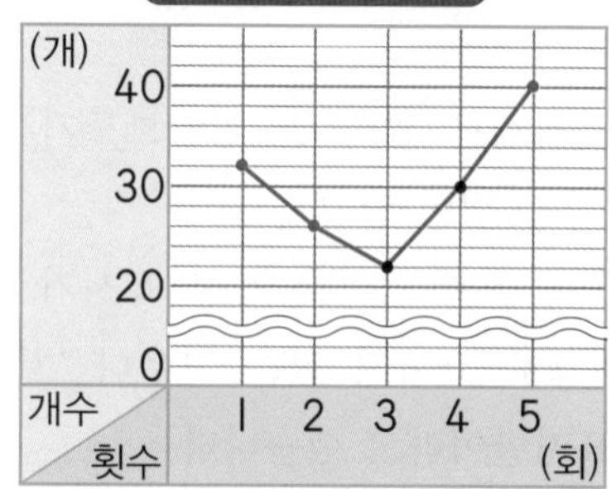

꺾은선그래프의 눈금 1칸의 크기는 0과 10 사이의 눈금이 5칸이므로 10÷5=2(개)입니다.

꺾은선그래프를 통해 3회 22개, 4회 30개를 알게 되었으며 5회에는 4회보다 10개 더 많이 했으므로 40개를 넘었습니다. 따라서 꺾은선그래프에 1회 32개, 2회 26개, 3회 22개, 4회 30개, 5회 40개를 점으로 표시하고 그 점들을 선으로 이으면 됩니다.

step 5 수학 문해력 기르기 (123쪽)

1 저출산 고령화

2 사망자 수가 더 많아지고, 출생자 수가 줄어들고 있어 인구는 계속 줄어들 것이다.

3 ③

4 (1) 2013년 (2) 2017년 (3) 2017년

(4) 점점 줄어들 것입니다. 점점 줄어들다가 위아래가 서로 바뀔 수도 있습니다

5 앞으로 계속해서 줄어들 것입니다.

1 "오늘날 우리는 '저출산 고령화 사회'를 살고 있다."라고 되어 있습니다.

3 ① 사망자의 수가 잠깐 줄어든 경우도 있습니다.(2013년에서 2014년)

② 출생자의 수는 잠깐 늘어간 경우도 있습니다.(2012년에서 2013년, 2015년에서 2016년)

④ 의학 기술이 발달했으나 사망자의 수는 늘어나는 추세입니다.

⑤ 사망자의 수는 아주 천천히 늘어나고, 출생자의 수는 사망자의 수보다 좀 더 급격히 줄어들고 있습니다.

20 다각형

step 3 개념 연결 문제 126~127쪽

1 다, 라, 사, 자, 차 2 자

3 다, 사, 차

4 (1) 칠각형 (2) 육각형

5 다각형은 선분으로 둘러싸여 있어야 하는데 둘러싸여 있지 않기 때문입니다.

6 (1) 가, 나, 다, 바, 사 (2) 라, 마

step 4 도전 문제 127쪽

7 예

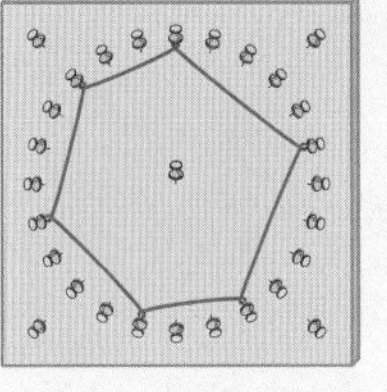

8

다각형	칠각형	구각형	십일각형	십오각형
변의 수 (개)	7	9	11	15
꼭짓점의 수(개)	7	9	11	15

4 (1) 변이 7개이고, 각이 7개이므로 칠각형입니다.

(2) 변이 6개이고, 각이 6개이므로 육각형입니다.

8 다각형의 이름은 변의 수와 꼭짓점의 수를 따라갑니다.

step 5 수학 문해력 기르기 129쪽

1 꽃, 다각형 2 ④

3 꽃잎이 3장이면 삼각형, 4장이면 사각형과 같이 꽃잎의 수에 따라 다각형이 결정됩니다.

4 풀이 참조 5 육각형

2 ④ 벚꽃은 오각형과 연결됩니다.

4 예

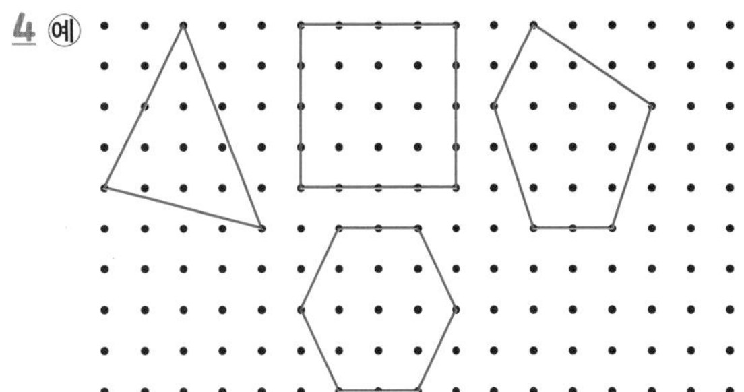

21 정다각형

step 3 개념 연결 문제 (132~133쪽)

1 가, 마, 바

2 정다각형이 아닙니다. 왜냐하면 네 변의 길이는 모두 같지만 네 각의 크기가 모두 같지는 않기 때문입니다.

3 30 cm

4 (위에서부터) 120, 9

5

이름	기호
정삼각형	마
정사각형	가
정육각형	바

step 4 도전 문제 (133쪽)

6 14 cm　　7 88 cm

3 정다각형 한 변의 길이는 5 cm이고, 변이 모두 6개이므로 변의 길이의 합은 $5\times6=30$(cm)입니다.

4 정육각형은 변의 길이와 각의 크기가 모두 같으므로 변의 길이는 9 cm이고, 각의 크기는 120°입니다.

6 224 cm로 정팔각형을 2개 만들어야 하므로 하나의 정팔각형에 112 cm의 색 테이프를 써야 합니다. $112\div8=14$(cm)입니다.

7 주어진 모든 정다각형의 한 변의 길이는 8 cm이고, 굵게 표시된 변이 모두 11개이므로 굵은 선의 길이는 $11\times8=88$(cm)입니다.

step 5 수학 문해력 기르기 (135쪽)

1 수학, 수학

2 한 가지 이상의 도형을 빈틈없이, 그러면서도 겹치지 않게 맞추고 이를 반복하여 그린 것

3 ③, ⑤　　4 ㉠, ㉢, ㉣

5 예 보도블록, 화장실 바닥, 벽 타일, 도배지, 예술 작품 등

1 이 글은 수학이 우리 주변에서 활용되고 있음을 알리고자 하는 글입니다.

3 정오각형이나 정칠각형으로는 불가능하다고 했습니다.

4 정오각형이나 정칠각형은 바닥을 빈틈없이 메울 수 없습니다.

22 대각선

step 3 개념 연결 문제 (138~139쪽)

1 대각선　　2 3개

3 나, 다, 마　　4 사

5 ④　　6 ②

step 4 도전 문제 (139쪽)

7 8 cm　　8 9

2

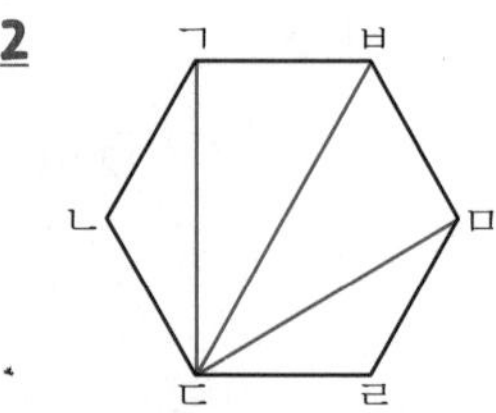

3 대각선이 2개인 도형은 사각형입니다.

4 대각선의 수가 많으려면 변이 많아야 합니다. 변의 수가 가장 많은 도형은 사입니다.

5 삼각형은 모든 꼭짓점이 서로 이웃하고 있기 때문에 대각선의 개수가 0개입니다.

6 두 대각선의 길이가 같으려면 직사각형이어야 하고, 서로 수직으로 만나는 사각형은 정사각형 또는 마름모입니다.
따라서 두 조건을 모두 만족하는 사각형은 정사각형뿐입니다.

7 직사각형의 두 대각선의 길이는 같습니다. 대각선의 길이의 합이 32 cm이면 한 대각선의 길이는 16 cm입니다. 선분 ㄱㅁ은 대각선 길이의 절반이므로 선분 ㄱㅁ의 길이는 8 cm입니다.

8 아래와 같이 나타내었을 때, 오각형의 대각선의 수는 5개이고, 칠각형의 대각선의 수는 14개입니다.

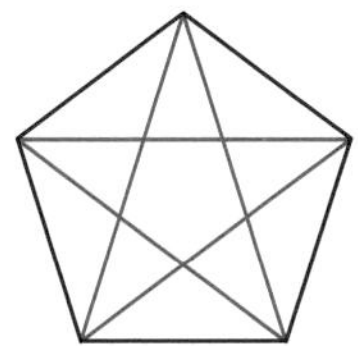
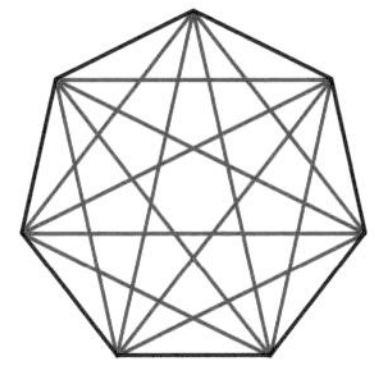

따라서 두 대각선의 수의 차이는 9입니다.

step 5 수학 문해력 기르기 141쪽

1 ③

2 돌아가야 하는 불편함을 많이 감소시킬 뿐만 아니라 어린이 보호 구역 등 보행 안전이 필수적인 곳에서는 어린이나 노약자 등의 교통 약자가 안심하고 길을 건널 수 있는 환경을 제공합니다.

3 이웃하지

4 풀이 참조

5 2개

1 이 글은 서울시에서 주민들의 편의성을 위해 대각선 횡단보도를 설치하고 있음을 홍보하기 위한 글입니다.

4

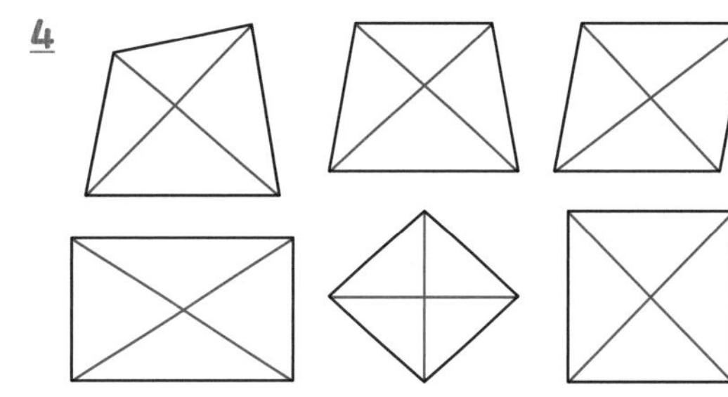